BEI GRIN MACHT SICH IHR WISSEN BEZAHLT

- Wir veröffentlichen Ihre Hausarbeit,
  Bachelor- und Masterarbeit

- Ihr eigenes eBook und Buch -
  weltweit in allen wichtigen Shops

- Verdienen Sie an jedem Verkauf

Jetzt bei www.GRIN.com hochladen
und kostenlos publizieren

Alexander Fricke

Chancen und Grenzen der Erzeugung und Versorgung mit Biotreibstoffen unter Berücksichtigung Niedersachens

GRIN Verlag

Bibliografische Information der Deutschen Nationalbibliothek:

Die Deutsche Bibliothek verzeichnet diese Publikation in der Deutschen National-
bibliografie; detaillierte bibliografische Daten sind im Internet über http://dnb.d-
nb.de/ abrufbar.

Impressum:

Copyright © 2007 GRIN Verlag GmbH
Druck und Bindung: Books on Demand GmbH, Norderstedt Germany
ISBN: 978-3-656-95161-2

Dieses Buch bei GRIN:

http://www.grin.com/de/e-book/85069/chancen-und-grenzen-der-erzeugung-und-
versorgung-mit-biotreibstoffen-unter

Alexander Fricke

Chancen und Grenzen der Erzeugung von und Versorgung mit Biotreibstoffen unter besonderer Berücksichtigung der Rolle Niedersachsens als Agrarland

Inhaltsverzeichnis

1 Einleitung

In der aktuellen Euphorie um Bioenergie und damit auch Biotreibstoffe aus heimischen Feldfrüchten, scheint eine adäquate Antwort zur autarken Energiepolitik gefunden zu sein. Vielen Vorteilen für Ökologie und Ökonomie stehen allerdings ernsthafte Risiken auf diesen Feldern gegenüber, die nicht durch politisches Wunschdenken zu relativieren sind.

Nach Auffassung vieler Politiker, wie z. B. der EU-Kommissarin für Landwirtschaft oder dem Bundeslandwirtschaftsminister, sollen dabei Landwirte neben der Funktion der Ernährer der Bevölkerung auch zu Energiewirten werden, um energiepolitisch nicht weiter abhängig sein zu müssen. Diese betrifft auch Niedersachsens Landwirte, die in zunehmendem Maße auf die Rohstoffproduktion im Kraftstoffbereich setzen.

Daher soll im Folgenden diskutiert werden, welchen Beitrag zur Versorgungssicherheit die Landwirtschaft, insbesondere die niedersächsische, zu leisten im Stande ist und mit welchen Zielkonflikten die Landwirte, Biokraftstoffproduzenten, der Staat und die Gesellschaft zu rechnen haben. Dazu soll neben der aktuellen Situation auch ein Ausblick in eine mögliche Zukunft der Landwirtschaft, insbesondere der Niedersächsischen, gegeben werden. Zusätzlich wird auch auf die Lage der Biokraftstoffproduzenten am Beispiel des Bioölwerks Magdeburg eingegangen, um eine detaillierte und differenzierte Sichtweise auf diesen Komplex zu vermitteln.

2 Rohstoffe für die Erzeugung und die Produktion von biogenen Treibstoffen

Generell lassen sich nahezu alle land- und forstwirtschaftlichen Erzeugnisse über verschiedene Prozesswege zu biogenen Treibstoffen weiterverarbeiten. Die landwirtschaftliche Fläche nimmt in der Bundesrepublik Deutschland ungefähr 48% der Gesamtfläche ein[1]. Dies entspricht ca. 17 Mio. ha, wovon wiederum 12 Mio. ha auf Ackerland entfallen[2].

---

[1] Vgl. Datenreport 2006, 2006 S. 262.
[2] Vgl. Datenreport 2006, 2006 S. 266.

2.1 Eignung und Nutzungspotential ausgewählter Rohstoffe

Bei der Bewertung der landwirtschaftlichen Rohstoffe zur Erzeugung von biogenen Treibstoffen soll der Fokus, bedingt durch Forschungsstand, auf die energetische Nutzbarmachung nachwachsender Rohstoffe zu Biokraftstoffen der sog. „Ersten Generation" gelegt werden. Während bei der „Zweiten Generation" die gesamte Pflanze verwertet wird (Biomass-to-liquid=BtL), findet bei ersterer nur die Frucht als solche eine Verwendung. Dementsprechend sind im Allgemeinen die Outputmengen hierbei geringer.

2.1.1 Zuckerrübe

Nicht nur global betrachtet spielt die Zuckerrübe als zuckerhaltiger Rohstofflieferant eine bedeutende Rolle für die Ethanolerzeugung, denn von den ca. 12 Mio. ha Ackerland werden deutschlandweit 450.000 ha mit Zuckerrüben bestellt, was knapp 4% der Gesamtfläche[3] entspricht. Der bundesdurchschnittliche Ertrag lag 2001 bei 55,2 t/ha[4] und damit leicht über dem niedersächsischen Ertrag von 54,6t/ha[5]. Die Verteilung der Zuckerrübenfläche auf die Bundesländer determiniert die besondere Bedeutung Niedersachsens als wichtiges Agrarland. „Rund ein Viertel der gesamten Anbaufläche entfällt auf Niedersachen".[6] SCHMITZ verweist in Anlehnung an das Vogelbusch-Gutachten auf eine aus Zuckerrüben gewonnene Melassemenge von 3,3 bis 3,4 t je m³ Ethanol[7]. Die Zuckerrübe ist weiterhin als Rohstoff für die Ethanolherstellung geeignet, weil sie über die höchste Flächenproduktivität und eine hohe Ertragssicherheit verfügt und sich zudem positiv auf die Fruchtfolge im landwirtschaftlichen Produktionsprozess auswirken kann.[8] Zudem besteht in Deutschland eine außerordentlich gut erschlossene Infrastruktur hinsichtlich der Erfahrungen in Anbau, Verarbeitung und Vermarktung.[8]

Dem gegenüber stellt der Zuckerrübenanbau besondere Ansprüche an die Bodenqualität und darf daher hinsichtlich seiner Ausbreitung als regional beschränkt angesehen werden. Zudem fallen bei Logistik und Transport, sowie bei der Abwasserbeseitigung im Verarbeitungsprozess relativ hohe Kosten an.[9] Die mangelnde Lagerfä-

---

[3] Vgl. SCHMITZ 2003, S. 39.
[4] Vgl. Datenreport 2006, 2006 S. 269.
[5] Vgl. http://www.nls.niedersachsen.de/Tabellen/Landwirtschaft/bee_text/texte/er_f.htm vom 23.07.2007.
[6] SCHMITZ 2003 S. 39.
[7] Vgl. SCHMITZ 2003, S. 100.
[8] Vgl. SCHMITZ 2003, S. 60.
[9] Vgl. SCHMITZ 2003, S. 60.

higkeit der Rübe kann hingegen bei einer Verarbeitung zu Dicksaft überwunden werden, womit sie über das Jahr verteilt zur Verfügung steht.[9]

2.1.2   Weizen

Weizen spielt unter den stärkehaltigen Rohstoffen zur Ethanolherstellung zusammen mit der Gerste die wichtigste Rolle. Allgemein wird ca. 60% der bundesdeutschen Ackerfläche von Getreide vereinnahmt.[10] Der Winter- und Sommerweizenanbau in Deutschland erstreckte sich 2001 auf knapp 3 Mio. ha (24,5%) des Ackerlandes.[11] Der Anteil der Weizenflächen in Niedersachsen liegt mit ca. 22% leicht unter dem Bundesdurchschnitt, allerdings liegt die Erntemenge pro ha mit 8,8 t[12] deutlich über dem durchschnittlichen Ertrag auf Bundesebene von 7,3 t/ha.[13] Der für die Ethanolerzeugung wichtige Stärkegehalt ist insbesondere beim Weizen hoch. Der Weizenbedarf ist mit 2,7 t[14] für die Produktion von 1 m^3 Ethanol weniger gewichts- und damit transportkostenintensiver als bei der Zuckerrübe. Neben seiner guten Lager- und Transportfähigkeit spricht seine globale Verfügbarkeit für einen Einsatz zur Ethanolherstellung. Besonders bedeutsam für die Landwirtschaft ist die hohe Flächenproduktivität, die ihm gegenüber anderen Getreidesorten einen wesentlichen wirtschaftlichen Vorteil verschafft. Dieser gründet v. a. auf dessen hohen Stärkegehalt von 67,5%.[15], womit er den höchsten Wert der für die biogene Treibstoffgewinnung relevanten Getreidearten darstellt. Im Zuge der Ethanolgewinnung werden ihm gute Verarbeitungseigenschaften bei der Ethanolerzeugung nachgesagt sowie ein geringer Anfall an Abwasser.

---

[10] Vgl. ebd., S. 43.
[11] Vgl. Datenreport 2006, 2006 S. 268.
[12] Vgl. http://www.nls.niedersachsen.de/Tabellen/Landwirtschaft/bee_text/texte/er_f.htm vom 23.07.2007.
[13] SCHMITZ, 2003 S. 43.
[14] Vgl. SCHMITZ 2003, S. 101.
[15] Vgl. ebd. S. 46.

2.1.3   Gerste

Bundesweit wurden im Jahr 2001 ca. 2,2 Mio. ha mit Winter- und Sommergerste bestellt, was einem Anteil von knapp 18% entspricht.[16] Niedersachsenweit werden ca. 305.000 ha angebaut (knapp 17% der Ackerfläche)[17]. Die durchschnittlichen Erntemengen liegen bundesweit und auf Niedersachsen bezogen bei jeweils 6t/h[18]. Ihr Stärkegehalt liegt mit 66,1%[19] auf einem für Ethanolausbeute relativ hohem Niveau.

2.1.4   Roggen

Bundesweit entfallen 850.000 ha (ca. 7%) der Ackerfläche auf Roggen, deren Durchschnittsertrag auf 4,9t /ha beziffert wird.[18] Niedersachsen liegt sowohl mit einem 8,5%igen Anteil Roggenanbau an seiner Ackerfläche leicht über dem Bundesdurchschnitt, als auch mit dem Ertrag von 5,5 t/ha.[17] Der Rohstoffbedarf zur Erzeugung eines m^3 Ethanol ist mit 2,85 t[20] durchaus mit dem anderer Getreidearten vergleichbar, hat jedoch den entscheidenden Nachteil, dass sein hoher Pentosengehalt zu Schleimbildung führt. In dessen Folge wird die Maische zähflüssig und erfordert eine zusätzliche Gabe an Enzymen im Produktionsprozess und erhöht somit die Produktionskosten[21]. Zusätzlich liegt der Stärkegehalt des Roggens mit 64,6%[19] auf dem niedrigsten Niveau aller relevanten Getreidearten, so dass dementsprechend auch die Ethanolausbeute geringer ist als bei Weizen oder Triticale. Roggen weist jedoch insofern v. a. beim Anbau erhebliche Vorteile auf, als sich stabile Erträge auch auf schwachem Boden erwirtschaften lassen, die zudem mit geringem Dünge- und Pflegeaufwand zu erreichen sind.[22] Zudem darf Roggen als ein kostengünstiger Rohstoff angesehen werden, weil für ihn ein Angebotsüberhang festzustellen ist.[22]

---

[16] Vgl. Datenreport 2006, 2006 S. 268 f..
[17] Vgl. http://www.nls.niedersachsen.de/Tabellen/Landwirtschaft/bee_text/texte/bo_f.htm vom 23.07.2007.
[18] Vgl. SCHMITZ 2003, S. 43.
[19] Vgl. ebd. S.46.
[20] Vgl. SCHMITZ 2003, S. 102.
[21] Vgl. SCHMITZ 2003, S. 101ff..
[22] Vgl. SCHMITZ 2003, S. 60.

2.1.5   Triticale

Von den bundesweit 500.000 ha[23] mit Triticale bestellten Feldern entfallen allein auf Niedersachsen 85.000 ha[24] (ca. 4,5% der niedersächsischen Ackerfläche bzw. 17% der Triticalefläche Deutschlands). Dies unterstreicht auch auf diesem Gebiet die besondere Rolle Niedersachsens als Agrarland.

Triticale ist dem Weizen brennereitechnologisch äquivalent, denn die beiden Getreidearten sind dank ihrer Eigenschaften substituierbar. Lediglich der geringfügig höhere Rohstoffbedarf von 2,75t je m^3 Ethanol[25] und der geringere Stärkegehalt von 66,5%[26] schränkt die Gleichwertigkeit etwas ein. Somit sind vielmehr organisatorische und ökonomische Aspekte für den Einsatz von Triticale oder Weizen relevant. Dem im Vergleich zum Weizen geringeren Ertrag von 5,6 t/ha[24] in der Bundesrepublik, wie auch in Niedersachsen, stehen noch Steigerungen im Ertragspotenzial gegenüber, womit sich die momentan geringe Flächenproduktivität noch erhöhen ließe.[27] Allerdings wird Triticale international nicht gehandelt und steht damit nur eingeschränkt zur Verfügung.[27] Jedoch ist die Triticale hinsichtlich ihres Anspruchs an Bodengüte, Düngung und Pflege nicht so anspruchsvoll wie Weizen und kommt darüberhinaus als günstiger Rohstoff für die Ethanolerzeugung in Frage, weil sich mit ihrer hohen Ausbeute und ihren guten Verarbeitungseigenschaften, sowie dem relativ hohen Stärkegehalt wichtige Parameter für den Produktionsprozess zu Gunsten der Triticale darstellen.[27]

2.1.6   Mais

Während auf den bundesdeutschen Äckern der Anbau von Mais im Laufe der letzten Jahre ca. 10%[28] der Ackerfläche beanspruchte, betrug der Anteil Niedersächsischen Maises an der Ackerfläche im Jahr 2000 immerhin 16%[29] und sein Input-Output-Verhältnis liegt bei 2,4 t/m^3 Ethanol[30]. Den geringen Bodenansprüchen der Maispflanze stehen klimatische Begrenzungen im Anbau gegenüber, denen nur mit intensiver Züchtung begegnet werden kann, um somit einen flächendeckenden Einsatz zu

---

[23] Vgl. Datenreport 2006 2006, S. 268f..
[24] Vgl. http://www.nls.niedersachsen.de/Tabellen/Landwirtschaft/bee_text/texte/er_f.htm vom 23.07.2007.
[25] Vgl. SCHMITZ 2003, S. 101.
[26] Vgl. SCHMITZ 2003, S. 46.
[27] Vgl. SCHMITZ 2003, S. 61.
[28] Vgl. Datenreport 2006 2006, S. 268.
[29] Vgl. http://www.nls.niedersachsen.de/Tabellen/Landwirtschaft/bee_text/texte/er_f.htm vom 23.07.2007.
[30] Vgl. SCHMITZ 2003 S. 102.

gewährleisten[33]. Da die Maispflanze durch keine Fruchtfolgeregelung restriktiert wird, kann sie in Monokultur angebaut werden und weist eine relativ hohe Flächenproduktivität auf. Allerdings bedarf es eines hohen Düngemittel- und Trocknungsaufwandes.[33]

2.1.7   Kartoffeln

Die Kartoffel wird in Deutschland auf ca. 2,5% der Ackerfläche angebaut, was einer Fläche von rund 300.000 ha entspricht[19]. Im Jahr 2000 wurden mit 128.555 ha über 40% der Kartoffelfläche in Niedersachsen bewirtschaftet, was einem Anteil von 7% der niedersächsischen Ackerfläche[29] entspricht. Bei hohen Ertragsschwankungen liegt der Durchschnittsertrag bei ca. 40 t/ha[31] und einem Stärkegehalt von 14%[32]. Neben dem geringen Stärkeanteil schränken v. a. hohe Lager-, Verarbeitungs- und Rohstoffkosten den Einsatz für die Ethanolproduktion ein. Allerdings sind beim Anbau nur geringe Ansprüche an den Boden zu erfüllen, um eine relativ hohe Flächenproduktivität zu erzielen.[33]

2.1.8   Raps

Als ölhaltige Ackerfrucht spielt v. a. der Winterraps eine wesentliche Rolle bei der Herstellung von Biodiesel. Die zunehmende Nachfrage nach Rapssaat spiegelt sich auch in einer Ausweitung der Produktionsflächen wider. Wurden in Niedersachsen im Jahr 2005 noch 119.643 ha mit Raps bestellt, war zu 2006 ein Anstieg von ca. 10% auf 132.130 ha zu verzeichnen, was einem Anteil von knapp 6,5% der niedersächsischen Ackerfläche entspricht.[34] Deutschlandweit erreicht die bisherige Fläche von ca. 1,3 Mio. ha[35] unter Berücksichtigung einer nachhaltigen Fruchtfolge nahezu ihre biologische Anbaugrenze. In Relation zur bundesdeutschen Rapsanbaufläche beträgt der niedersächsische Anteil immerhin knapp 9%[35]. Der Ertrag lag 2005 mit 3,7 t/ha auf dem bundesweiten Niveau.[35] Bei einem Ertrag von 3,4 t/ha und einer Ausbeute von 455 l/t ergibt sich somit ein Potenzial von fast 1.550 l Biodiesel je ha[36].

---

[31] Vgl. Datenreport 2006 2006, S. 269.
[32] Vgl. KLEEMANN/MELIß 1988, S. 197.
[33] Vgl. SCHMITZ 2003, S. 61.
[34] Vgl. http://cdl.niedersachsen.de/blob/images/C40042178_L20.pdf vom 23.07.2007.
[35]Vgl.
http://www.destatis.de/jetspeed/portal/cms/Sites/destatis/Internet/DE/Content/Publikationen/Querschnittsveroeff
entlichungen/StatistischesJahrbuch/Downloads/LandForstwirtschaft,property=file.pdf vom 09.08.2007.
[36] Vgl. http://www.bio-kraftstoffe.info/cms35/Biodiesel.831.0.html vom 09.08.2007.

Für eine Verwendung von Rapsöl respektive dem daraus gewonnen Biodiesel spricht die bereits relativ gut ausgebaute Infrastruktur (landwirtschaftliche Anbaufläche und -technik, Händler, Tankstellennetz), die Verwendung im Kraftstoffsektor ohne aufwändige technische Umrüstung im Motorbereich sowie eine relevante Reduktion von Partikelemissionen und eine ausgereifte Technik. Demgegenüber haben die Produzenten nach wie vor mit schwankenden Qualitäten zu kämpfen, können nur auf ein begrenztes heimisches Rohstoffpotenzial zurückgreifen und benötigen für die Herstellung fossiles Methanol.

2.2 Anforderungen an das Getreide zur Bioethanolproduktion

Die Bioethanolausbeute ist wie oben dargestellt maßgeblich vom Stärkegehalt des Rohstoffs sowie vom Ertrag/ha abhängig. Zur Stärkeverzuckerung während des Maischprozesses sind teilweise Fremdenzymgaben erforderlich, die aber die Getreidearten Weizen, Triticale und Roggen nicht benötigen. Sie verfügen über sog. autoamylolytische Enzyme, die ein Kaltmaischverfahren mit geringeren Energie- und Betriebsstoffkosten ermöglichen.[37] Die autoamylolytischen Aktivitäten, die durch die „Summe der an der Stärkehydrolyse beteiligten Enzyme"[38] des jeweiligen Getreides bestimmt wird, dienen u. a. der Stärkeverflüssigung. Mit zunehmender Lagerdauer konnte eine um 70% gestiegene Amylaseaktivität nachgewiesen werden, die somit in Relation zu einer gesteigerten Bioethanolausbeute steht.[39]
Weitere Parameter stellen hinsichtlich der Ethanolgewinnung die Protein- und Stärkeanteile des Korns dar. Deren Proportionen sind in interdependenter Relation zu sehen, da einem hohen „Kornproteingehalt ein abnehmender Stärkegehalt gegenüber steht"[40], der sich in einer Ethanolausbeuteminderung niederschlägt.

2.3 Verfahren und Bedingungen des Getreideanbaus

Für die Bioethanolproduktion ist es unerheblich, ob das Getreide aus Reinbeständen mit anschließender Mischung der Reinpartien stammt oder aus arten- und/oder sortengemischten Beständen.[41] Gleichwohl ergibt sich bei Mischbeständen „häufig ein verbessertes Puffervermögen gegenüber biotischen und abiotischen Schadeffek-

---

[37] Vgl. SCHÄFER 1995, S. 8 f..
[38] SCHÄFER 1995, S. 9.
[39] Vgl. ebd. 1995, S. 17.
[40] SCHÄFER 1995, S. 17.

ten"[41]. Daraus resultiert ein geringerer Pflanzenschutzbedarf, der sich sowohl ökologisch wie auch ökonomisch als Vorteil darstellt. Mischbestände können demnach zu einem nachhaltigen Anbau von Getreiderohstoffen zur Bioethanolproduktion beitragen.

Einen Zusammenhang zwischen einem hohen Stickstoffdüngungsniveau und erhöhten Amylasewerten weist SCHÄFER insofern nach, als dass ein später Aussaattermin für einen verringerten Wert verantwortlich ist.[42] Allerdings kommt der Stickstoffdüngung auch hinsichtlich der zweiten, bedeutenderen Hauptbestimmungsgröße bzgl. der Bioethanolausbeute eine erhebliche Bedeutung zu, denn sie hat für die Bioethanolherstellung v. a. einen ertragssteigernden Charakter, da er eine positive, katalytische Wirkung auf das Pflanzenwachstum hat.

Als essentiell darf die Versorgung mit Wasser, Mineralstoffen und, insbesondere zur Erntezeit, die nötige Sonnenstrahlung mit einhergehenden Temperaturen für die entsprechenden Früchte angesehen werden. Darüberhinaus ergibt sich ggf. der Bedarf an zielgerichtetem Einsatz von Pflanzenschutzmitteln um zum Beispiel Schädlings-, Pilz- und Unkräuterbefall entgegen zu treten. Da ein Einsatz des Getreides für Nahrungszwecke nicht in Frage kommt, ist auch ein mögliches *Totspritzen* kurz vor der Ernte zulässig.

2.4 Definition und Potential von Biomasse

Die Literatur offenbart eine Vielzahl an Definitionen zur Bestimmung des Begriffs *Biomasse*. Nach KLEEMANN/MELIß versteht man unter Biomasse „Stoffe organischer Herkunft, also die in der Natur lebende und wachsende Materie und die Abfallstoffe von lebenden und toten Lebewesen. Die Abgrenzung gegenüber fossilen Energieträgern beginnt beim Torf, dem fossilen Sekundärprodukt der Verrottung."[43] Entscheidend für die Entstehung organischen Materials ist der hochkomplexe Vorgang der Photosynthese aus anorganischer Materie.

Das globale Potential der Biomasse schätzen KLEEMANN/MELIß auf $2 \cdot 10^{12}$ t, wobei dies $30 \cdot 10^{12}$ J bzw. 1.000 Mrd. t SKE(Steinkohleeinheiten) entspräche[44]. Der Holzanteil spielt hier die bedeutendste Rolle mit bis zu 90%.[44] Allerdings ist die für die Nutzung maßgebliche Kennziffer die jährliche Zuwachsrate an Biomasse, die mit rund

---

[41] SCHÄFER 1995, S. 26.
[42] Vgl. ebd. S. 20.
[43] KLEEMANN/MELIß 1988, S. 157.
[44] Vgl. ebd., S. 160 f..

8%[44] angegeben wird. Es muss an dieser Stelle allerdings der Einwand geltend gemacht werden, dass die Waldfläche und somit auch die Biomasseproduktion der Natur global unterschiedlich verteilt ist. Bei einer groben Einteilung der Erde nach Waldflächen ist auffallend, dass sich die meisten Waldflächen zwischen 40° und 60° N, sowie zwischen 10° N und 10° S befinden. Infolge der Kontinentalflächenverteilung in diesen Breiten entfallen somit rund 60% der Biomasseproduktion auf die Nordhalbkugel[44], was wiederum bedeutet, dass einem Großteil der Erdbevölkerung der Zugang zum Rohstoff Biomasse aus Holz verwehrt ist. Dennoch postulieren KLEEMANN/MELIß, dass die jährlichen globalen Zuwächse von 44 Mrd. t SKE, abzüglich Laubmassen und Wurzelwerk und in trockenem Zustand, „6-7 mal größer als der gesamte Welt-Primärenergieverbrauch"[45] sind. Das Problem des Zugangs zu bzw. der Verteilung der Biomasse bleibt hier unbeachtet, macht aber die besondere Dimension des Nutzungspotenzials der Biomasse deutlich.

2.5 Erzeugung von Bioethanol

Wie bereits dargelegt, beruht die Bioethanolherstellung aus Getreide auf dessen Stärkenutzung. Im Produktionsprozess wird dabei die Maische entweder durch Erhitzen zum Sieden gebracht[46], wobei Stärke unter Zugabe von Fremdenzymen, Bakterien und Schimmelpilzen zu vergärbarem Zucker abgebaut wird. Das aufsteigende Dampfgemisch, bestehend aus Ethanol und geringen Wasserdampfanteilen kondensiert durch Abkühlung zu einer wässrigen Ethanollösung.[47] Der Wasseranteil und weitere Nebenbestandteile der Gärung werden während der folgenden Rektifikation als Seitenabzüge entfernt, wodurch sich ein hochkonzentriertes (96%) Ethanol gewinnen lässt.[47]

Oder aber es kann durch entsprechende Eigenenzymaktivität der Getreidearten Weizen, Triticale und Roggen auf eine energieaufwändige Erhitzung verzichtet werden und unter Zusatz von Hefe die verzuckerte Maische zu Ethanol vergären. In beiden Fällen entsteht bei der alkoholischen Gärung aus Glucose Kohlendioxid und Ethanol.

---

[45] KLEEMANN/MELIß 1988, S. 162.
[46] Vgl. SCHMITZ 2003, S. 66 f..
[47] Vgl. http://www.lab-biokraftstoffe.de/Herstellung.html vom 23.07.2007.

2.6 Erzeugung von Biodiesel

Grundlage der Biodieselproduktion in Deutschland ist das aus dem Raps gepresste Öl, doch zunehmend wird aus Übersee auch Palm- und Sojaöl importiert. Für die Nutzbarmachung als Treibstoff ist eine Umesterung nötig, in dem das Pflanzenöl in ein Verhältnis von 1:9 mit Methanol vermischt wird[48]. Zusätzlich wird mit einem Volumen von 0,5 bis 1% ein Katalysator (Natrium- oder Kaliumhydroxid) bei einer Prozesstemperatur von 50 bis 80°C hinzugegeben. Der Katalysator bewirkt in der nun ablaufenden chemischen Reaktion eine Aufspaltung der Triglyceride des Pflanzenöls in Fettsäuren und Glyceride. Die nun freigesetzten Fettsäuren reagieren mit dem Methanol zu Fettsäuremethylestern (FAME) und Glycerin. Im weiteren Verlauf werden diese voneinander getrennt, gereinigt und die Nebenprodukte des Biodiesels (freie Fettsäuren, Salz, Rohglycerin) aufbereitet und einer weiteren, industriellen Nutzung zugänglich gemacht.[48]

3 Nutzungspotentiale Niedersachsens zur Rohstoffproduktion biogener Treibstoffe

Das Bestreben der Bundesregierung den Ausbau der erneuerbaren Energien zu forcieren bietet auch der Niedersächsischen Landwirtschaft die Möglichkeit ihre volkswirtschaftliche und energiepolitische Bedeutung zu erhöhen. Viele politisch Verantwortliche erzeugen dabei phasenweise eine euphorische Stimmungslage, die darauf schließen lässt, dass Deutschland in Kürze den größten Teil seines Energiebedarfs selber produzieren könne – v. a. auch auf der Basis geernteter Feldfrüchte. Dabei wird allerdings das naturräumliche Potenzial oft außer Acht gelassen. Dieses allerdings ganzheitlich und vollkommen zu erfassen ist zum Einen äußerste problematisch, zum anderen ist es auch nicht die Intention dieser Arbeit. Allerdings lassen sich doch einige Aussagen hinsichtlich des Nutzungspotenzials der niedersächsischen Landwirtschaft zur Bereitstellung von Rohstoffen für biogene Kraftstoffe herleiten.

Nach Auskunft des Servicezentrums für Landentwicklung und Agrarförderung (SLA) stieg die Fläche auf der Rohstoffe für die Produktion von Biodiesel angebaut werden von ca. 23.000 ha im Jahr 2004 auf mehr als 55.000 ha im Jahr 2006[49] (s. auch Tab. 1). Einen ähnlich rasanten Anstieg hat die Anbaufläche für die Bioethanolproduktion

---

[48] Vgl. http://www.fnr-server.de/ftp/pdf/literatur/pdf_183biokraftstoff_2006.pdf vom 23.07.2007.
[49] Vgl. http://cdl.niedersachsen.de/blob/images/C40042178_L20.pdf vom 22.08.2007.

aufzuweisen. Im Vergleichszeitraum stieg die Fläche von knapp 1.500 ha um über 1.000% auf mehr als 16.000 ha an.[49] Auch die Rohstoffe zur Biogasproduktion stiegen von 4.600 ha auf nahezu 72.000 ha[50]. Der Anteil des Energiepflanzenanbaus an der niedersächsischen Ackerfläche (AF) lag demnach 2006 bei 8%, beziehungsweise der Anteil an der LF bei 5,5% (s. Abb. 6).[50] Die Flächen zur Bioethanol- und Biodieselgewinnung summieren sich im Jahr 2006 auf ca. 71.000 ha. Dies entspricht einem Anteil von 3,8% an der niedersächsischen Ackerfläche.[50]

Tab. 1: Anbaufläche Energiepflanzen in Niedersachsen seit 2004 in ha

Stilllegung/Energiepflanzenprämie Kultur	2004	2005	2006
Raps und sonstige Ölpflanzen	17.291	32.663	40.367
Enerigegetreide	929	6.460	12.826
Biogas Mais	3.688	17.933	56.963
sonstig Energiepflanzen	280	1.001	1.810
Summe	22.188	58.057	111.966
Normale Flächen (geschätzt plus 25%)			
Raps und sonstige Ölpflanzen	6.000	11.000	15.000
Enerigegetreide	500	2.000	3.500
Biogas Mais	1.000	6.500	15.000
Summe	7.500	19.500	33.500
Gesamtfläche	29.688	77.557	145.466

Quelle: http://cdl.niedersachsen.de/blob/images/C40042178_L20.pdf vom 22.08.2007.

Abb. 1: Verteilung der bodengeschätzten Flächen nach Gemarkungs-Bodengüteklassen in Niedersachsen 1990

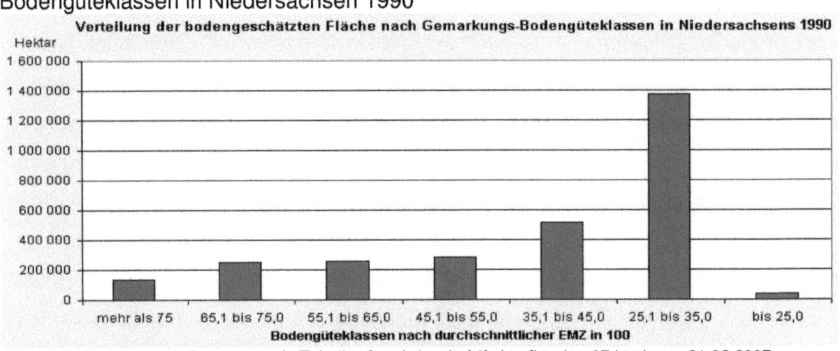

Quelle: http://www.nls.niedersachsen.de/Tabellen/Landwirtschaft/Anbauflaechen07.html vom 21.08.2007.

---

[50] Vgl. http://cdl.niedersachsen.de/blob/images/C40042178_L20.pdf vom 22.08.2007.

Bei allen politischen und theoretischen Diskussionen um den Beitrag der niedersächsischen Landwirtschaft zur Rohstoffbereitstellung für die Biokraftstoffproduktion sollte dabei die Bodenfruchtbarkeit als entscheidende Größe für den Ernteertrag nicht außer Acht gelassen werden. Wie aus Abb. 1 zu entnehmen ist stellen die Böden im Bereich der sog. „Grenzertragsböden" mit EMZ von 25–35 den größten Teil (ca. 1,4 Mio. ha) der Ackerfläche dar. Diese Tatsache bedingt den nur eingeschränkten Anbau von Früchten wie Weizen oder Zuckerrübe, die die höchsten Ausbeuteraten an Bioethanol je ha aufweisen.

3.1 Stilllegungsflächen

Um die klimapolitischen Ziele (Einsparung von CO_2-Emissionen) Deutschlands zu erreichen, ist eine weitere Ausdehnung der Flächen für die Biokraftstoffherstellung unumgänglich. Allerdings dürfte es kurz- bis mittelfristig zu einem Interessenkonflikt zwischen Nahrungs- und Futtermittelproduktion auf der einen Seite und der Bereitstellung von Energierohstoffen auf der anderen Seite in Bezug auf die landwirtschaftlichen Flächen kommen. Eine Entspannung könnte die von der EU angedachte Reduzierung bzw. Abschaffung der Stilllegungsflächen bieten. In Niedersachsen wurden im Jahr 2006 immerhin ca. 110.000 ha[51] brach liegen gelassen, was allerdings nicht bedeutet, dass diese Fläche nicht bewirtschaftet werden dürfen. Da nur die Produktion von Nahrungsmitteln untersagt ist, würde diese zusätzliche Fläche dem Anbau von Energiepflanzen zu Gute kommen. Der betriebswirtschaftlichen Logik folgend werden v. a. die Böden vorrangig als Brachflächen angemeldet werden, die nur eine geringe Produktivität bzw. Fruchtbarkeit aufweisen. Daher käme der Anbau von Früchten, die hohe Ansprüche an die Bodenbeschaffenheit stellen, wie zum Beispiel Weizen oder Zuckerrübe auf dem Großteil der heutigen Brachflächen nicht in Frage. Dennoch liegt in dem Bereich der Brache ein großes, bisher ungenutztes Flächenpotenzial. Auf den Stilllegungsflächen könnten, je nach Bodenfruchtbarkeit und Witterung, zum Beispiel durch den Anbau von Raps (bei 1,4 t/ha) bis zu 150.000 t Biodiesel zusätzlich produziert werden. Würde die gesamte Fläche zur Energiepflanzenproduktion für Bioethanol verwendet, ergäben sich daraus bei der ausschließlichen Nutzung in Form von Weizen (bei 2,18 t/ha) ca. 240.000 t bzw. von Zuckerrüben (bei

---

⁵¹ Vgl. Niedersächsische Landwirtschaft in Zahlen 2007, S. 36.

15

5,23t/ha) 575.000 t Bioethanol[52]. Diese zusätzliche Produktionskapazität entspräche beim Anbau von Raps ca. 6% des Biodieselverbrauchs (2,5 Mio. t) 2006 in Deutschland, bei Weizen ca. 50% und bei Zuckerrüben ca. 120% des Bioethanolverbrauchs (480.000 t)[53]. Es spricht eine Vielzahl von Gründen dafür, dass dies nur theoretische Annahmen sein können. So werden zum Beispiel nicht alle Stilllegungsflächen für den Energiepflanzenanbau verwendet. Die tatsächlichen Mengenzuwächse im Biokraftstoffmarkt aus dem Potenzial der Stilllegungsflächen würden daher um einen Bruchteil höher ausfallen.

3.2 Nutzungspotenzial auf Böden mit guter oder sehr guter Fruchtbarkeit

Auf den dichten, alten Siedlungsräumen der besonders fruchtbaren Bördeböden südlich des Mittellandkanals spielen anspruchsvolle Ackerfrüchte wie Weizen und Zuckerrübe die dominierende Rolle. Durch Synthese der Informationen aus Abb. 2 und Tab. 2 lassen sich aufschlussreiche Analogien herleiten, die in extrahierter Form aus Tab. 3 und 4 zu entnehmen sind.

---

[52] Vgl. http://www.lab-biokraftstoffe.de/formelsammlung.html vom 29.08.2007.
[53] Vgl. http://www.bio-kraftstoffe.info/cms35/Biokraftstoffe.817.0.html vom 29.08.2007.

Abb. 2: Verteilung der Bodenqualitäten in Niedersachsen

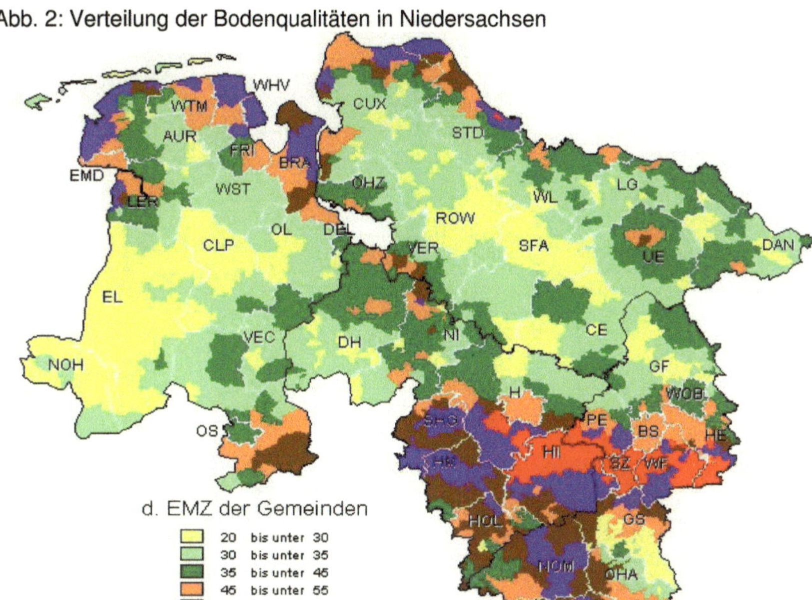

Quelle: http://www.nls.niedersachsen.de/Tabellen/Landwirtschaft/Anbauflaechen07.html vom 21.08.2007.

Tab. 2: Wie wurde im Jahr 1999 im Land Niedersachsen die Landwirtschaftliche Fläche genutzt?

Kreis, Stadt	Landwirtschaftliche Betriebe insg. und ihre landw. genutzte Fläche (LF)		Anteil der Hauptnutzungsarten an der LF in %										
			Grünland	Getreide zus.	Davon:			Mais zus.	Zucker-rüben	Kar-toffeln	Raps	Brache	sons
	Anzahl	ha LF	% der LF		Weizen	Gerste	Roggen						
Ammerland	1 584	46 159	61	9	0	6	1	18	0	0	1	2	9
Aurich	2 354	84 476	62	23	10	8	0	5	0	0	2	4	4
Braun-schweig	161	6 747	10	54	33	12	6	1	19	0	3	8	5
Celle	1 043	53 576	24	40	3	24	7	6	6	12	3	7	2
Cloppen-burg	2 993	97 013	20	33	4	20	5	34	0	3	2	4	4
Cuxhaven	3 224	139 538	68	12	5	3	1	14	0	1	1	2	2
Delmen-horst	117	3 034	70	11	1	7	1	15	0	0	0	1	3
Diepholz	3 288	129 399	22	41	9	18	8	13	2	8	5	6	3
Emden	98	5 161	63	24	10	11	0	2	0	3	2	3	3
Emsland	5 350	166 198	14	32	2	21	5	29	0	17	2	3	3
Friesland	918	43 386	75	12	6	5	0	7	0	1	1	2	2
Gifhorn	1 417	75 694	18	44	9	23	9	4	10	12	3	7	2
Goslar	437	26 941	14	55	44	10	1	1	16	0	5	8	1
Göttingen	1 310	57 005	15	54	33	17	2	3	7	0	12	7	2
Gft Bentheim	2 050	60 340	25	20	1	13	2	32	0	14	1	1	7
Hameln-Pyrmont	751	40 021	12	55	40	11	2	2	10	1	8	8	4
Hannover	2 286	114 501	15	48	24	12	7	3	13	5	4	7	5
Hannover, Stadt	58	2 235	6	53	36	11	3	0	17	0	5	8	11
Harburg	1 436	58 090	34	31	6	13	7	8	2	4	7	7	7
Helmstedt	550	40 826	8	58	40	12	5	1	18	0	2	9	4
Hildesheim	1 309	67 511	5	58	47	9	0	1	24	1	2	8	1
Holzminden	552	26 719	28	46	27	14	1	3	4	0	11	6	2
Leer	2 148	70 143	83	6	3	2	0	7	0	0	0	0	4
Lüchow-Dannen-berg	981	60 832	20	43	6	15	16	4	5	10	4	8	6
Lüneburg	937	64 513	24	35	10	14	8	5	4	10	8	8	6
Nienburg	2 233	85 948	21	48	11	20	9	9	2	2	8	7	3
Northeim	1 393	58 286	19	53	35	14	1	3	8	0	8	7	2
Oldenburg	1 612	66 370	31	33	4	20	4	19	1	5	3	4	4
Oldenburg, Stadt	84	2 510	74	10	1	5	1	13	0	0	0	1	2
Osnabrück	4 489	123 424	21	39	8	21	2	23	0	3	4	5	5
Osnabrück, Stadt	157	3 948	26	39	10	22	0	18	0	0	4	8	5
Osterholz	1 274	42 176	73	10	2	5	1	13	0	0	1	1	2
Osterode	461	15 815	27	46	24	15	1	3	2	0	13	7	2

n Harz													
ine	712	35 854	9	53	30	22	1	1	24	4	1	7	1
tenburg (ümme)	2 885	129 126	45	25	1	11	10	17	1	5	2	4	1
lzgitter, adt	149	11 596	2	61	48	12	0	0	28	0	0	8	1
haum- rg	792	35 113	14	52	32	13	1	5	4	1	12	8	4
ltau- llingbos-	1 428	67 612	28	38	2	16	15	7	3	7	4	7	6
ade	2 210	83 068	45	20	8	4	5	11	2	3	3	4	12
lzen	1 067	74 777	10	40	10	20	6	2	14	20	1	8	5
chta	1 848	66 034	15	31	6	16	6	36	0	6	3	5	4
rden	1 230	48 554	35	37	11	14	8	9	1	2	7	6	3
eser- arsch	1 287	60 922	96	1	1	0	0	2	0	0	0	0	1
lhelms- ven, adt	84	3 657	85	10	5	4	0	0	0	0	1	2	2
ttmund	1 313	46 518	71	16	5	6	0	7	0	1	0	3	2
olfenbüt-	619	50 892	3	62	51	10	1	0	23	0	2	8	2
olfsburg, adt	159	9 120	13	55	25	12	15	1	15	1	5	8	2
ıch Regierungsbezirken:													
zirk aun- hweig	7 368	388 777	13	53	32	16	3	2	14	3	5	7	3
zirk Han- ver	11 269	501 446	17	48	23	15	6	6	8	4	6	7	4
zirk Lü- burg	17 715	821 863	39	28	6	12	7	10	3	6	3	5	6
zirk We- r - Ems	28 486	949 293	41	24	4	14	3	20	0	5	2	3	5
ıch den Gebieten der Landwirtschaftskammern:													
mmer ınnover	36 352	1 086 712	27	40	17	13	6	7	7	5	4	6	4
mmer eser - ıs	28 486	949 293	41	24	4	14	3	20	0	5	2	3	5
ndesergebnis													
edersach- ı	64 838	2 379 661	32	34	12	14	5	12	5	5	4	5	3

Tab. 3: Landkreise mit mäßigen bis schlechten Bodenqualitäten

Landkreise	Ertrags-messzahl (EMZ)	Anteil der Zucker-rübenfläche an der LF	Anteil der Weizen-fläche an der LF
Ammerland	30 - 34	0	0
Celle	30 - 34	6	3
Cloppenburg	20 - 29	0	4
Emsland	20 - 29	0	2
Lüneburg	30 - 34	4	10
Oldenburg	30 - 34	4	1
Rotenburg/ Wümme	30 - 34	1	1
Soltau-Fallingbostel	20 - 39	3	2

Quelle: Eigene Berechnung auf Grundlage von Tab. 2 und Abb. 2.

Auf fruchtbaren Böden mit hohen EMZ ist generell ein überdurchschnittlich hoher Flächenanteil Weizen und Zuckerrübe anzutreffen. Liegt der niedersächsische Durchschnitt der Weizenfläche bei 12% (s. Tab. 2), so übertreffen die Landkreise Wolfenbüttel (51%), Salzgitter (48%) und Hildesheim (47%) den Landesdurchschnitt deutlich. Gleiches gilt für Zuckerrüben: Niedersachsenweit wird ca. 5% (s. Tab. 2) der Landwirtschaftsfläche (LF) mit dieser Frucht bestellt. In Regionen mit EMZ von 75 und höher wird dieser Anteil allerdings weit übertroffen wie an den Beispielen der Landkreise Salzgitter (28%), Peine und Hildesheim (je 24%) deutlich wird. Die guten Böden und große Betriebe bedingen einen viehlosen Marktfruchtbaubetrieb in diesen Regionen (s. Abb. 5).

Tab. 4: Landkreise mit guten bis sehr guten Bodenqualitäten

Landkreise	Ertrags-messzahl (EMZ)	Anteil der Zucker-rübenfläche an der LF	Anteil der Weizen-fläche an der LF
Braunschweig	45 - 54	19	33
Göttingen	55 - 64	7	33
Hameln-Pyrmont	65 - 74	10	40
Hannover	65 - 74	13	36
Helmstedt	45 - 54	18	40
Hildesheim	75 - 95	24	47
Holzminden	55 - 64	4	27
Nordheim	65 - 74	8	35
Peine	55 - 64	24	30
Salzgitter	75 - 95	28	48
Schaumburg	65 - 74	4	32
Wolfenbüttel	75 - 95	23	51

Quelle: Eigene Berechnung auf Grundlage von Tab. 2 und Abb. 2.

Als Begründung für das verbreitete Auftreten von Weizen- und Zuckerrübenäckern in Regionen mit hohen EMZ dient v. a. der hohe Anspruch der Pflanzen an die Boden-fruchtbarkeit, die sich u. a. am Bodenleben, Humus, Wasserhaltevermögen oder Wasserdurchlässigkeit darstellt.

Das ausgedehnte Vorkommen dieser Früchte könnte auch in der betriebswirtschaftli-chen Logik begründet liegen, nach der ein hoher Gewinn durch Produkte mit hohem Deckungsbeitrag (DB) generiert wird.

Tab. 5: Ackerfrüchte im aktuellen Rentabilitätsvergleich; Prognose für 2007 auf lehmigen bis sandigen Standorten

	Winter-raps	Winter-gerste	Winter-weizen	Winter-roggen	Winter-triticale	Stärke-kartoffel	Kartoffel	Körner-mais
Hektarerlöse in €	1063	839	1017	863	909	2466	3226	1356
Variable Kosten in €/ ha	693	533	639	646	611	2212	2285	1059
Deckungsbeitrag in €/ ha	370	306	378	217	298	254	941	297

Quelle: http://www.lwk-niedersachsen.de/index.cfm/portal/6/nav/91/article/7535.html ; Auszüge aus Übersicht 1 vom 30.08.2007.

Der hohe Anteil lässt demnach auf einen hohen DB dieser Pflanzen schließen und erklärt die Motivation der Landwirte, den Großteil ihrer Äcker mit ihnen zu bestellen. Wie in Tab. 5 deutlich wird, lässt sich mit Kartoffeln zwar der höchste absolute DB (941€) erzielen, allerdings handelt es sich einerseits um Speisekartoffeln und andererseits kommt der Kartoffel als Ausgangsprodukt für die Biokraftstoffgewinnung aus den in 2.1.7 genannten Gründen keine tragende Rolle zu. Allerdings stellt der Winterweizen mit 378€ den höchsten DB unter den etablierten Früchten dar, dicht gefolgt von Raps mit 370€. Diese Werte beziehen sich aber nur auf lehmige bis sandige Standorte und dürfen daher nicht zwingend für die gesamte niedersächsische Ackerfläche angenommen werden.

Abb. 3: Hauptnutzungsarten der landwirtschaftlichen Flächen 1999

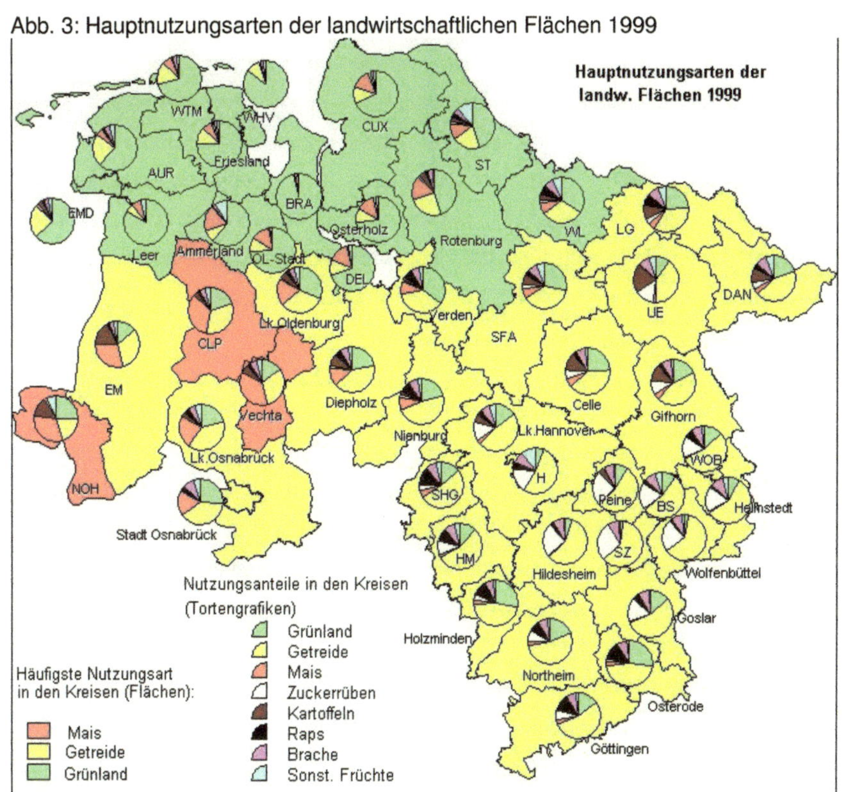

Quelle: http://www.nls.niedersachsen.de/Tabellen/Landwirtschaft/Anbauflaechen07.html vom 21.08.2007.

Andere Getreidearten wie zum Beispiel Gerste oder Roggen, die auch an Standorten mit geringen EMZ gedeihen, sind auf diesen sehr guten Böden nicht effektiv genug. Daher wäre es unter der Prämisse möglichst hochwertige Erzeugnisse zu produzieren keine optimale Verwendung fruchtbarster Böden.

Für die Bedeutung der Rohstofferzeugung zu Biokraftstoffen lässt sich daher Folgendes anmerken: Es bleibt abzuwarten, ob mittelfristig die betriebswirtschaftlich relevante Größe des DB mit Energiepflanzen höher ausfallen wird oder der DB, der aus dem Nahrungs- bzw. Futtermittelanbau generiert wird. Es darf davon ausgegangen werden, dass durch die zunehmende Verknappung der Nahrungs- und Futtermittelressourcen der Marktpreis und damit auch der DB für zum Beispiel Weizen hoch bleiben oder noch steigen wird. Damit darf als widerlegt angesehen werden, dass die besten Böden automatisch auch die Produktionsstandorte für Energiepflanzen sind.

Ein weiteres Argument hierfür sind die Marschen an den Küsten und zu den Ufern der großen Flüsse. Diese Böden weisen zwar einen fruchtbaren Charakter auf (zum Beispiel Landkreis Wilhelmshaven mit EMZ von 65 - 74), sind allerdings aufgrund des hohen Grundwasserspiegels und ihrer nassen und entkalkten Böden nur unverhältnismäßig aufwändig zu beackern. Daher ist in diesen Regionen ein hoher Anteil an Grünland anzutreffen und nicht, wie die hohe EMZ vermuten lässt, Ackerland. Dementsprechend fällt auch hier das Flächenpotenzial zum Energiepflanzenanbau geringer aus.

Ein konkretes Beispiel für die anteilig geringe Bereitstellung von Anbaufläche zur Erzeugung von Energiepflanzen bildet der Landkreis Hildesheim. In der Ausgabe der Hildesheimer Allgemeinen Zeitung vom 11.08.2007 (S. 18: „Trotz Biogas-Boom: Börde bleibt Weizen-Land") weist der Kreislandwirt Werner Rühmkorf darauf hin, dass sich zwar die Anbaufläche von Mais seit 2003 verzehnfacht hat, aber aktuell nur 4% des Ackerlandes ausmachen. Es darf hierbei davon ausgegangen werden, dass der Anstieg v. a. durch die inzwischen 16 Biogasanlagen im Landkreis indiziert ist.

Ein weiterer Beleg für den eingeschränkten Anbau von Energiepflanzen auf fruchtbaren Böden liefert Abb. 6. Hier wird wiederum der Landkreis Hildesheim mit nur 4-6% der Ackerfläche geführt. Gleiches gilt auch für die fruchtbaren Böden der Landkreise Hannover, Salzgitter oder Schaumburg.

Abb. 4: Energiepflanzenanbau 2006 in % der Ackerfläche nach Landkreisen in Niedersachsen

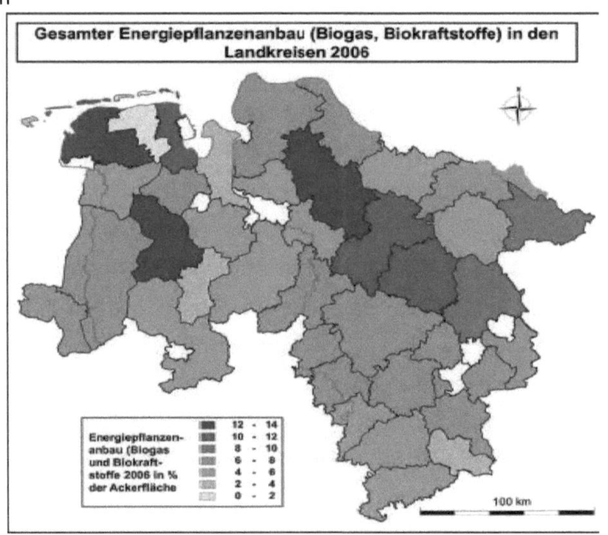

Energiepflanzenanbaufläche insgesamt
Anteil an Ackerfläche (AF):
8%

3.3 Nutzungspotenzial auf Böden mit mäßiger oder geringer Fruchtbarkeit

Auf den Böden der später aufgesiedelten Geest-, Moor- und Heidegebiete sind infolge geringerer EMZ unwesentliche Anteile der anspruchsvollen Zuckerrübe oder des Weizen festzustellen. So ist zum Beispiel im Landkreis Cloppenburg (vorrangig Geestböden) mit einer EMZ von 20–29 der Zuckerrüben- und Weizenanteil nahezu Null (s. Tab. 4). Gleiches gilt für die Landkreise Soltau-Fallingbostel, Rotenburg/Wümme und Celle (vorrangig Heideböden). Sie charakterisieren sich durch einen höheren Grünlandanteil (s. Tab. 2) als die Landkreise mit den besseren Böden; dennoch wird auch hier Ackerbau betrieben. Allerdings dominieren hier v. a. Ackerfrüchte, die im Vergleich zur Zuckerrübe oder zum Weizen geringere Ansprüche an die Leistungsfähigkeit des Bodens stellen und einen geringeren DB erzielen.

Somit rücken insbesondere die Regionen Niedersachsens mit geringer Bodenfruchtbarkeit in das Interesse des Anbaus von Energiepflanzen – nicht zuletzt auch für die Produktion von Biokraftstoffen (dies belegen Abb. 5 und 6.). Auffällig ist, dass in Landkreisen mit geringer EMZ abnehmende Getreideflächenanteile und ein Anstieg der Anteil des Energiepflanzenanbaus stark korrelieren.

Da Deutschland- wie Niedersachsenweit der Anbau von Raps fruchtfolgebedingt in zunehmendem Maße an die Kapazitätsgrenzen gelangt ist und die geringe Fruchtbarkeit der Geest- und Heidegebiete den Anbau von Zuckerrübe oder Weizen nur marginal zulässt, rücken auf diesen Böden andere Früchte als Rohstoffe zur Biotreibstoffproduktion in den Fokus.

Wie bereits in 2.1.6 geschildert bedarf es für den Maisanbau nicht unbedingt eines fruchtbaren Bodens, um relativ sichere Ernten einfahren zu können. Auch für Niedersachsen trifft dies zu, da 1999 über 70% der Maisanbaufläche auf Böden mit EMZ von 25–35 erfolgte (s. Abb. 3). Gleiches scheint auch für Kartoffeln, Roggen und Sommergerste zu gelten, deren Anbau zu jeweils fast 70% auf diesen wenig fruchtbaren Böden stattfindet. In den beiden letztgenannten ist das quantitative Rohstoffpotenzial für die Biokraftstoffproduktion zu sehen. Der Kartoffelanbau stellt hinsichtlich der Bodenqualität keine besonderen Ansprüche, allerdings ist der Stärkegehalt auf der einen Seite zu niedrig und die Verarbeitungskosten auf der anderen Seite unverhältnismäßig hoch, als die Kartoffel als ernsthafte Rohstoffquelle zu betrachten wäre. Raps erfährt dagegen eine ausgewogenere Verteilung auf die Bodengüteklassen.

Abb. 5: Die Verteilung der Anbauflächen 1999 nach den Bodengüteklassen der Berichterstatterbezirke

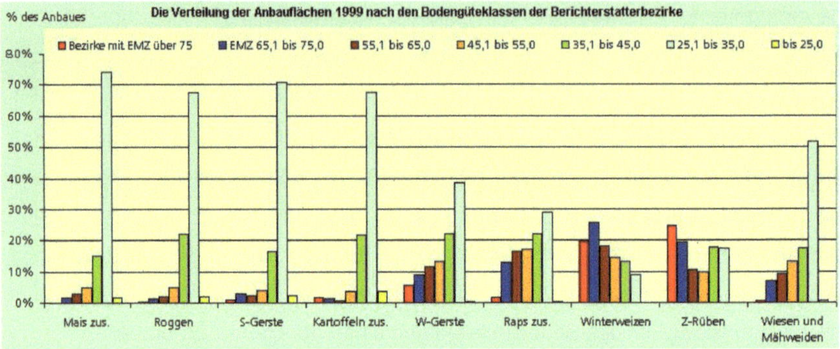

Quelle: http://www.nls.niedersachsen.de/Tabellen/Landwirtschaft/Anbauflaechen07.html vom 21.08.2007.

Insbesondere wird hier Roggen eine wichtige Rolle einnehmen, da er geringere Ansprüche an den Boden stellt und die klimatischen Veränderungen mit geringeren oder unregelmäßigen Niederschlägen bei relativ konstanten Erträgen beträchtlich besser verkraftet, als z. B. Weizen oder Gerste.

4 Chancen und Risiken für die niedersächsische Landwirtschaft

Ganz allgemein bestehen durch den Ausbau bzw. die vermehrte Nutzung der Erneuerbaren Energien Chancen aber auch Risiken für die Landwirtschaft. Viele treffen allerdings für die niedersächsische Landwirtschaft in besonderem Maße zu, weil das Flächenland, mit seiner historisch gewachsenen, intensiven Landwirtschaft, einen wesentlichen Teil der bundesrepublikanischen Ernteerträge produziert (s. Abb. 7).

Daher soll v. a. auf spezifische, das Land Niedersachsen betreffende, Aspekte eingegangen werden. Darüberhinaus treffen natürlich generelle Vor- und Nachteile auch
auf Niedersachsen zu.

Abb. 6: Agrarstandort Niedersachsen: Niedersächsische Anteile an Deutschlands:

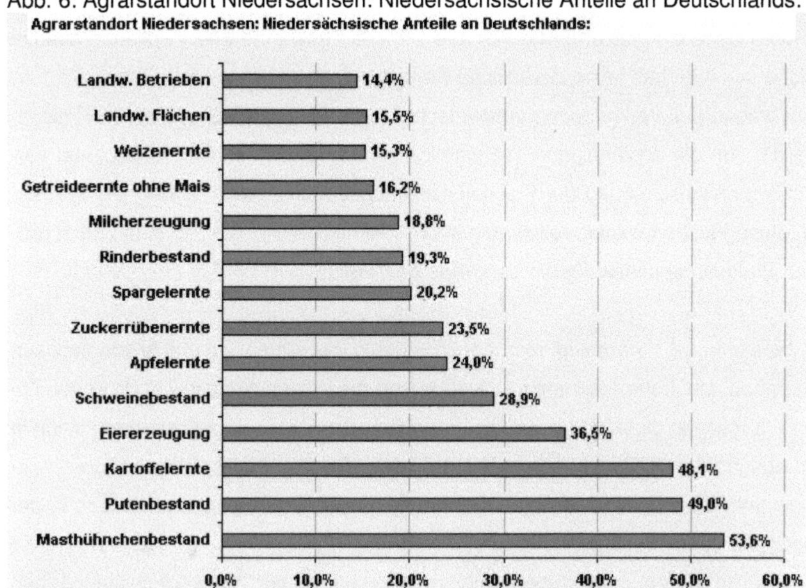

Quelle: http://www.nls.niedersachsen.de/Tabellen/Landwirtschaft/bee_text/e_stat.htm vom 30.08.2007.

4.1 *Chancen der niedersächsische Landwirtschaft*

Durch die klima- und umweltpolitischen Intentionen Deutschland, aber auch der EU,
rückt die Produktion von heimischen Energiepflanzen zunehmend in den Vorder-
grund und eröffnet den Landwirten des Agrarlandes Niedersachsen zusätzliche und
langfristige Einnahmen.

Die bei ihrer Einführung wurde die Stilllegungsverpflichtung von Ackerflächen von
vielen Landwirten als staatliche Willkür gegeißelt. Durch die eingeschränkte Bewirtschaftung auf diesen Flächen kam es oft zu massiven Ernteausfällen durch die ex-
tensive Bewirtschaftung, die zudem einen relativ hohen Bearbeitungsaufwand hinsichtlich der Flächenpflege aufwiesen. So wurden oft Standorte, die in weiter Entfer-
nung zur Hoffläche lagen oder relativ unfruchtbar waren, stillgelegt. Heute erweisen

sich wiederum jene Flächen für viele Landwirte als Produktionsreserve. Da auf ihnen zwar keine Nahrungsmittel angebaut werden dürfen, wohl aber Energiepflanzen (ausgenommen Zuckerrüben), und diese in jüngster Vergangenheit eine bedeutsame Preissteigerung erfuhren, lässt sich dank dieser Flächen die Einnahmesituation der landwirtschaftlichen Betriebe zumindest ansatzweise verbessern. Die Rentabilität des Energiepflanzenanbaus erfährt durch „die seit 2004 gewährte Energiepflanzenprämie in Höhe von 45 €/ha"[54] eine zusätzliche Steigerung.

Sollte wegen der Verknappung landwirtschaftlicher Erzeugnisse und deren Preisanstieg die von der zuständigen EU-Kommissarin für Landwirtschaft Fischer Boel vorgeschlagene Abschaffung der Flächenstilllegungsverpflichtung realisiert werden, kämen diese Flächen wieder vollständig in die Produktion und würden einen noch größeren Einkommenseffekt für die Landwirte bewirken.

Wie bereits in 2.1.1 dargelegt sind ca. 25% der Zuckerrübenfläche in Niedersachsen anzutreffen. Die hohe Flächenproduktivität und die infrastrukturellen Vorteile der Zuckerrübe machen diese zum prädestinierten Rohstoff für die Biotreibstoffproduktion in den ausgeprägten Zuckerrübengebieten. Um die Transportwürdigkeit des Ausgangsmaterials zu gewährleisten, sind kurze Strecken zur Weiterverarbeitung in der Umgebung der Erntegebiete notwendig.

Somit dürfte in den Zuckerrübenregionen des Landes der flächendeckende Anbau sichergestellt sein. Trotz der „Absenkungen der Garantiepreise auf die Hälfte des derzeitigen Weltmarktpreises"[55] kommt damit auch in Zukunft dieser Ackerfrucht eine bedeutende Rolle zu.

Die bei der Verarbeitung von Weizen oder Zuckerrübe zur Bioethanol anfallende Vinasse bzw. Schlempe „kann bei durchschnittlich geringen Erlösen auch als Düngemittel abgesetzt werden"[56]. Das bedeutet auf der einen Seite eine günstige Bezugsquelle von organischem und daher schnell bodenverwertbarem Dünger, auf der anderen Seite auch eine Rückführung von organischer Masse auf den Standort ihrer Entstehung. Eine Belebung und Durchlüftung des Bodens, Humusbildung und der Ausgleich des Stickstoffhaushalts zu vergleichbar günstigen Preisen wären positive Wirkungen der Rückführung von Kuppelprodukten auf den Produktionsstandorten

---

[54] HENKE/KLEPPER 2006, S. 4.
[55] Ebd. 2006, S. 4.
[56] SCHMITZ 2003, S. 28.

der Energiepflanzen. Diese Rückführung würde bei der Verwendung als Nahrungs-
oder Futtermittel nicht oder mit Verspätung stattfinden.

Es besteht weiterhin die Chance, durch eine Erweiterung der traditionell engen
Fruchtfolge die Kulturpflanzendiversität zu erhöhen. Zusätzlich kann es zur Verringe-
rung des Pflanzenschutzaufwandes im Vergleich zu herkömmlichen Kulturen kommen. Beides wirkt sich auf Mikroebene positiv auf Bodenleben und -fruchtbarkeit aus
und trägt zur Zeit- und Kostenersparnis bei.

Auch im landwirtschaftlichen Sektor hält, durch den ständigen Wettbewerbsdruck auf
die Betriebe, der Prozess der Konzentration auf ein Kerngeschäft weiterhin an. So
kam es, grob gesprochen, zur Herausbildung der Milchregion in den nassen, küsten-
nahen Gebieten, der Veredelungsregion vom Emsland bis Nienburg und der Markt-
fruchtregion im Süden und Osten Niedersachsens. In Abb. 4 wird zudem deutlich,
dass sich die Betriebe auf zwei, selten drei, Haupteinnahmequellen konzentriert haben.

Abb. 7: Verteilung der Betriebsformen in Niedersachsen

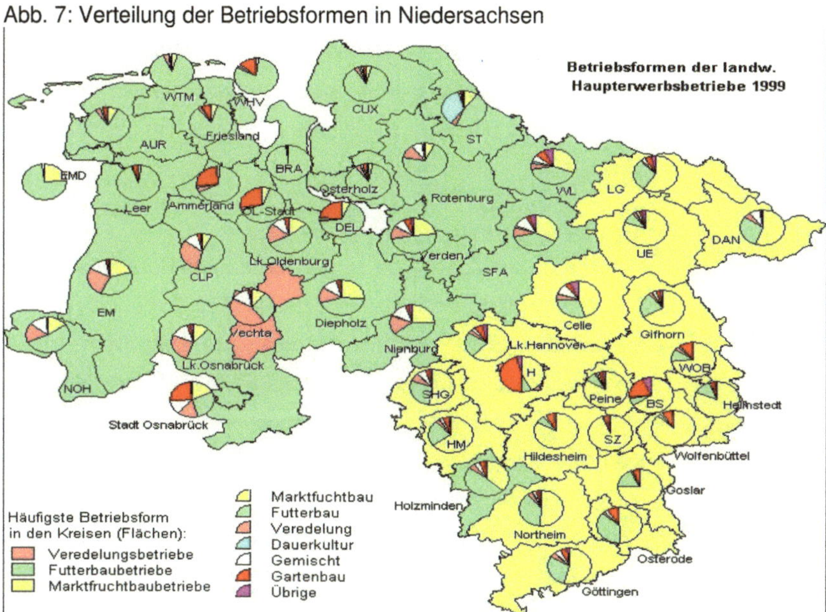

Quelle: http://www.nls.niedersachsen.de/Tabellen/Landwirtschaft/Anbauflaechen07.html vom 21.08.2007.

Daher bietet sich für viele landwirtschaftliche Unternehmen durch die betriebliche Diversifizierung in Form des Energiepflanzenanbaus die Möglichkeit einer betriebswirtschaftlichen Risikostreuung. Sinken die Einnahmen aus dem Verkauf eines Erzeugnisses in einem Jahr, fallen die finanziellen Einbußen bei entsprechenden Einkommensalternativen durch die Einnahmen der anderen Erzeugnisse nicht so gravierend aus. Daher verbessert eine zusätzliche Einnahmequelle das Risikomanagement insbesondere niedersächsischer Landwirte.

Da die Energiepflanzenproduktion und Konversion der ersten Generation mehr CO_2 bindet als sie freisetzt, kommt es somit zur Absorption des klimarelevanten Treibhausgases. Somit kommt es unter volkswirtschaftlicher Betrachtung zur Einsparung von CO_2. Reduzieren Industrieunternehmen ihren Energieverbrauch, stellt sich der gleiche Effekt ein. Jedoch können sie das eingesparte CO_2-Emissionspotenzial an der sog. „Emissions-Börse" verkaufen und auf diese Weise liquide Mittel akquirieren. Es drängt sich die Frage auf, mit welcher Begründung gleiches Landwirten verwehrt bleiben sollte. Es bedürfte natürlich einer massiven Lobbyarbeit gegenüber den politisch Verantwortlichen dies durchzusetzen. Dennoch würde durch den Handel mit CO_2-Verschmutzungsrechten eine weitere, wenn auch nur marginale und einmalige, Einnahmequelle insbesondere für die niedersächsische Landwirtschaft geschaffen.

4.2 Risiken für die niedersächsische Landwirtschaft

Neben dem Weizen zählt auch die Zuckerrübe zu den lukrativsten Rohstoffen für die Biokraftstofferzeugung. Da allerdings mehr als die Hälfte (s. Abb. 1) der niedersächsischen LF eine EMZ von 25 – 35 aufweist, ist die potenzielle Anbaufläche dieser anspruchsvollen Früchte durch naturräumliche Vorgaben limitiert. Zudem findet insbesondere auf den fruchtbaren Standorten ein zunehmender Wettbewerb zwischen Nahrungs- bzw. Futtermittel- und Energiepflanzenanbau statt, der vielen Landwirten in Zukunft keine leichte Entscheidung abverlangen wird.

Ein wichtiger Parameter bei der Herstellung von Bioethanol aus Getreide ist der Ertrag/ha. Für den Ertrag besonders relevant ist der Stickstoff. Im Zuge des Booms der Bioenergiebranche und des zunehmenden Rohstoffbedarfs droht hier durch die Bedienung dieser hohen Nachfrage eine erhöhte Stickstoffgabe. Die Folgen für das agrarisch geprägte Niedersachsen könnten neben der Kontaminierung des Grundwassers mit giftigen Stickstoff-Verbindungen auch die Eutrophierung von Äckern und Gewässern sein. Eine Alternative zur möglicherweise überhöhten Stickstoffdüngung wäre das Ausnutzen der sog. Vorfruchtwirkung. Hier übernehmen Leguminosen das Sammeln des im Boden vorhandenen Stickstoffs und beugen einer Auswaschung vor.

Ein weiterer Nachteil für die niedersächsische Landwirtschaft ergibt sich aus Produktionskosten einerseits und der durchschnittlichen Betriebsgröße andererseits. Die Herstellung von Biotreibstoffen aus Deutschland ist international und im Vergleich zu fossilen Treibstoffen z. Z. nicht wettbewerbsfähig, was u. a. der geringere Steueranteil auf Biokraftstoffe belegt. Die Schwierigkeiten, die sich für die niedersächsischen Landwirte ergeben, liegen in der Betriebsgrößenstruktur begründet. Die Durchschnittsgröße der landwirtschaftlichen Betriebe im Jahr 1999 betrug für Gesamtdeutschland 36,3 ha, für die ‚alten' Bundesländer 26,1 ha [57]und für das Land Niedersachsen immerhin 41 ha (s. Tab. 2). Allerdings relativiert sich der Eindruck, dass insbesondere in Niedersachsen Betriebe mit besonders viel LF anzutreffen wären, wenn man sie mit den neuen Bundesländern vergleicht. Diese können mit einer Durchschnittsgröße von 184 ha [57] durch das Ausnutzen höherer Rabatte der Zulieferer, einer besseren Maschinenauslastung, der besseren Personalauslastung und den geringeren Personalkosten zu wesentlich günstigeren Kosten die Rohstoffe produzieren, als ihre Berufskollegen im Westen der Republik. Dieser Umstand macht sich dann über die Produktionskosten des Biokraftstoffes bemerkbar, die zu 50 – 80% aus Rohstoffkosten bestehen[58].

Auch für die Landwirte Niedersachsens ist einer massiven Nachfragesteigerung nach Rohstoffen für Biokraftstoffe nicht ohne weiteres nachzukommen. Selbst wenn der Markt mehr Rohstoffe nachfragen würde und aufnehmen könnte, mangelt es auch hierzulande an zusätzlich aquirierbarer Produktionsfläche. Die Aufnahme von Stilllegungsflächen in die Produktion würde dabei allein wohl nicht ausreichen. Die großflächige Umwandlung von Wald in Ackerfläche, ist weder politisch gewollt, noch scheint sie ökologisch sinnvoll. Daher darf das naturräumliche Produktionspotenzial der landwirtschaftlichen Fläche als ausgeschöpft angesehen werden.

Neben allen Vor-und Nachteilen müssen sich biogene Treibstoffe am Markt v. a. gegen die übermächtig erscheinende Produktpalette konventioneller Treibstoffe durch-

---

[57] Vgl. Datenreport 2006, S. 264.
[58] Vgl. HENKE/KLEPPER 2006, S. 7.

setzen. Eine Einschätzung mit entsprechendem Ausblick auf die Zukunft soll an dieser Stelle nun folgen.

5   Vergleich biogener und konventioneller Treibstoffe

Es sollen verschiedene Vergleichsparameter bzw. Abhängigkeiten zwischen biogenen und fossilen Treibstoffen diskutiert werden. Dabei sollte trotz der Euphorie um die voranschreitende Substitution der fossilen Treibstoffe durch Biotreibstoffe beachtet werden, dass ein Liter Bioethanol nur ca. 0,66[59] Liter Ottokraftstoff und ein Liter Biodiesel nur ca. 0,91[60] Liter Diesel ersetzen kann.

5.1 Herkunft und Verfügbarkeit der Rohstoffe

Betrachtet man zunächst die ‚Herkunft' der beiden Treibstoffarten, ist die Abhängigkeit unserer Wirtschaft von den Lieferländern (z. B. OPEC-Länder) des Rohstoffs fossiler Treibstoffe besonders augenfällig. Durch die ausgeprägte Marktmacht dieser Länder ist nahezu jeder Preis für Öl zu verlangen. Zudem kommt der ‚schwarze Gold' vornehmlich aus geopolitisch instabilen Regionen wie z. B. dem Nahen und Mittleren Osten. Hier überlagern sich, trotz der guten Einnahmesituation durch den Ölexport, wirtschaftliche, soziale und zunehmend auch religiöse Spannungen, die die Versorgungssicherheit der Industrieländer in Frage stellen lassen. Es kam zwar nur selten zu einer wirklichen, physischen Verknappung des Öls, aber allein die Andeutungen von Krisen oder Kriegen lassen den Preis mitunter rasant in die Höhe schnellen. Allerdings wird sich immer deutlicher die Endlichkeit dieses Rohstoffs abzeichnen, die weitere Preissteigerungen und Konfliktpotenzial nach sich ziehen wird.

Anders stellt sich dagegen die Rohstoffherkunft biogener Treibstoffe dar. Sie können von heimischen Äckern bezogen und vor Ort verarbeitet werden. Bei der Rohstoffherstellung sind verlässliche, nachhaltig denkende und handelnde Akteure anzutreffen, die es sich und ihrem eigenen Boden nicht zumuten können, nur auf den schnellen Profit ausgerichtet zu sein, da die Äcker schon seit Generationen bewirtschaftet wurden und dies auch noch für Generationen nach ihnen gelten soll. Dies sichert zumindest für einen Teil eine unabhängige Versorgung mit heimischer Energie. Die

---

[59] Vgl. http://www.bio-kraftstoffe.info/cms35/Bioethanol.837.0.html vom 05.09.2007.
[60] Vgl. http://www.bio-kraftstoffe.info/cms35/Biodiesel.831.0.html vom 05.09.2007.

Verfügbarkeit der Treibstoffrohstoffe fußt somit auch langfristig auf wesentlich stabilerem Fundament.

5.2 Emissionen

Vergleicht man die Abgasemissionen eines Benzinmotors beispielsweise mit denen eines Bioethanolmotors, scheint letzterer der klare Gewinner zu sein. Bei den Werten von Kohlenmonoxid, unverbrannten Treibstoffs und Stickoxiden spart der mit Bioethanol angetriebene Motor ca. 40% gegenüber dem Benzinmotor ein, während er Blei und polyzyklische Verbindungen erst gar nicht emittiert.[61] Allerdings gibt er das 3,5 fache an geruchsbelästigenden Aldehyden ab.[62] Beim für den Klimawandel verantwortlich gemachten CO_2 ist ebenfalls eine Einsparung von 30 – 70% feststellbar.[63]

5.3 Preise

Beim Vergleich der Kraftstoffpreise pro Liter an den Tankstellen bei HENKE/KLEPPER vom Oktober 2005, ergibt sich für Biodiesel mit 1,01€ und Bioethanol mit 0,58€ ein klarer Kostenvorteil gegenüber fossilem Diesel mit 1,12€ und fossilem Ottokraftstoff mit 1,26€[64]. Dieser beruht allerdings zum überwiegenden Teil auf der vollständigen Mineralölsteuerbefreiung für Biokraftstoffe zu dieser Zeit, während auf fossile Treibstoffe 0,655€ für Ottokraftstoff bzw. 0,47€ für Diesel erhoben wurde.[64] Ohne die fehlende Subventionierung über die Steuerbefreiung wären Biokraftstoffe teurer. Die beiden Autoren führen allerdings auch die Berechnung der Preise an, wenn man eine Energieäquivalenz der Treibstoffarten unterstellen wollte. Dabei ergibt sich ein Nettopreis (ohne Steuerlast) von 0,431€ für Ottokraftstoff und 0,496€ bei Diesel. Die Preise für Biokraftstoffe bei Energieäquivalenz zu fossilen Treibstoffen entspräche 0,96€ für Biodiesel und 0,77€ für Bioethanol. Damit übersteigen die Preise für biogene die fossilen Treibstoffe um 78% (Bioethanol) bzw. 93% (Biodiesel).

Maßgeblich für die Wettbewerbsfähigkeit biogener Treibstoffe ist neben der Größe und dem Energiekonzept der Konversionsanlage sowie den Preisen für die Kuppelprodukte der Preis für Rohöl. HENKE/KLEPPER nennen für das Erreichen dieser

---

[61]BERNHARD 1979 dargestellt in KLEEMANN/MELIß 1988, S. 202.
[62]Vgl. KLEMANN/MELIß 1988, S. 202 f..
[63] Vgl. http://www.fnr-server.de/ftp/pdf/literatur/pdf_183biokraftstoff_2006.pdf vom 04.09.2007.
[64] Vgl. HENKE/KLEPPER 2006, S. 8.

Schwelle einen Preis von 80 – 100 US-$ je Barrel.[65] Allerdings schwanken die Angaben zum Rohölpreis, bei dem die Wettbewerbsfähigkeit erreicht sein könnte in der Literatur stark. So hat SCHMITZ mit Hilfe einer Modellberechnung einen Rohölpreis von 50 US-$ ermittelt, bei dem „die Mehrkosten des Kraftstoffs vernachlässigbar" [66] wären.

5.4 Bezugsmöglichkeit

Dank Deutschlands guter Infrastruktur ist auch das Tankstellennetz flächendeckend gut ausgebaut. So sind an den Straßen und Autobahnen laut Bundeswirtschaftsministerium nahezu 15.000 Tankstellen anzutreffen, die die etablierten Kraftstoffe für Diesel- und Ottomotoren anbieten. An diesen Tankstellen und im Rahmen der Belieferung von Großabnehmern durch Mineralölhändler wurden im Jahr 2006 21,8 Mio. t Ottokraftstoff und 28,2 Mio. t Dieselkraftstoff abgesetzt (s. Abb. 8).

Demgegenüber fällt die Verbreitung der Biokraftstoffe vergleichsweise gering aus. Denn nach Auskunft der Union zur Förderung von Öl- und Proteinpflanzen e. V. (UFOP) ist in Deutschland an 1.900 Tankstellen Biodiesel zu beziehen[67], so dass hier im Jahr 2006 ein Absatz von 2,5 Mio. t zu verzeichnen war, während bei Bioethanol nur 450.000 t vermarktet werden konnten (s. Abb. 8).

Im Vergleich zu fossilen Treibstoffen bildet sich ein vielschichtiges Bild der Situation biogener Treibstoffe. Zukünftige Szenarien, die die Etablierung der neuen Kraftstoffe fördern, sind mitunter sehr komplex und nur schwer prognostizierbar. Dennoch kündigen sich langfristig Chancen in diesem Produktsegment an, auf die u. a. im nächsten Kapitel eingegangen werden soll.

---

[65] Vgl. HENKE/KLEPPER 2006, S. 9.
[66] SCHMITZ 2003, S. 334.
[67] Vgl. http://www.ufop.de/biodiesel_tankstellen.php#download2 vom 05.09.2007.

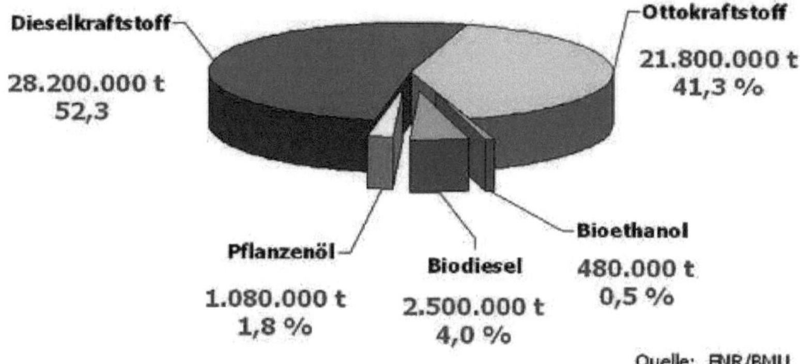

Quelle: http://www.bio-kraftstoffe.info/cms35/Biokraftstoffe.817.0.html vom 06.09.2007.

6 Chancen biogener Treibstoffe

Die Verwendung biogener Treibstoffe birgt eine Reihe von Vorteilen beziehungsweise Chancen für die Natur, die Landwirte, das Spitzentechnologieland Deutschland
und generell für die Gesellschaft, die in diesem Teil näher betrachtet werden sollen.

6.1 Ökologische Chancen

Unterstellt man dem vom Menschen freigesetzten Kohlenstoffdioxid die Hauptver-
antwortung für den Klimawandel, so scheint dieser durch die Verbrennung biogener
Treibstoffe zumindest nicht weiter forciert zu werden. Die Einsparungen an CO_2 gegenüber fossilen Treibstoffen betragen ca. 30 – 70% (s. 5.2). Berücksichtigt man die
bei der Herstellung der Rohstoffe, deren Verarbeitung und dem Transport der Treibstoffe entstandenen CO_2-Emissionen, so ergibt sich eine weitgehend neutrale CO_2-
Bilanz. Durch die Substituierung fossiler Treibstoffe durch biogene konnten

HENKE/KLEPPER für das Jahr 2005 Treibhausgaseinsparungen von immerhin 4 Mio. t CO_2-Äquivalent nachweisen[68]. In Relation zu den Gesamtemissionen Deutschlands „ist dieser Beitrag jedoch relativ gering und macht lediglich 0,5 Prozent aus".[68]

Mit dem Ausbau biogener Treibstoffe sinkt die Verwendung fossiler Kraftstoffe. Dies führt zu einer Schonung endlicher Ressourcen, auf die auch die nachkommenden Generationen angewiesen sein werden.

Dem Anbau von z. B. Winterraps, auch auf Stilllegungsflächen, als Rohstoff für Biodiesel, mindert u. a. die Nitratverlagerung ins Grundwasser, da dieser das Nitrat bzw. Stickstoff zum eigen Wachstum absorbiert. Dieser Vorteil kommt v. a. auf sandigen Geestböden, wie sie in Niedersachsen häufiger anzutreffen sind, zum Tragen, da diese kein ausgeprägtes Wasserhaltevermögen besitzen und daher eher Nähr- und Mineralstoffe ausgewaschen werden. Außerdem verlängert sich durch die Aussaat der Winterfrucht im Vergleich zum unbestellten Acker die Zeit der Photosynthese und somit auch die der Sauerstoffproduktion bzw. CO_2-Absorption.

Weiterhin besteht die Möglichkeit, durch entsprechende betriebliche Ausrichtung, die Fruchtfolge und damit auch die Artenvielfalt zu erweitern. Dieser Aspekt wirkt sich besonders in den Regionen aus, wo Energiepflanzen sonst wenig oder gar nicht angebaut wurden.

6.2 Ökonomische Chancen

Durch die staatliche Förderung (geringere Besteuerung von Biokraftstoffen) eröffnen sich für die landwirtschaftlichen Erzeugnisse neue Absatzmärkte. Der dadurch entstandene aktuelle Wettbewerb zwischen Nahrungs- bzw. Futtermittel und Energiepflanzen um Anbauflächen führt zu einem Preisanstieg für landwirtschaftliche Feldfrüchte. Daher steht die positive Entwicklung der landwirtschaftlichen Einkommen erst am Anfang und das Ende des von vielen Landwirten beklagten Preisverfalls für ihre Produkte scheint damit eingeläutet. Dieser Einkommenseffekt wird maßgeblich durch den wirtschaftspolitischen Außenschutz vor billigen ausländischen Konkurrenzrohstoffen zur Biokraftstoffherstellung gestützt. Er trägt aber auch dazu bei, dass eine historisch gewachsene und flächendeckende Landwirtschaft erhalten wird. Dieser Wirtschaftssektor wird oft unterschätzt, trägt aber immerhin mit 780.000 Beschäftig-

---

[68] HENKE/KLEPPER 2006, S. 11.

ten rund 13,4 Mrd. € zur Bruttowertschöpfung des Bruttoinlandprodukts (BIP) bei.[69] Hierbei entfallen mit 178.000 Arbeitskräften knapp 14% aller bundesweit im landwirtschaftlichen Bereich Beschäftigten auf Niedersachsen.[70] Allerdings bleiben viele landwirtschaftliche Leistungen in dieser Bilanz unberücksichtigt, da sich z. B. die Pflege der Kulturlandschaft nur schwer monetär bewerten lässt.

Durch die zunehmende Biokraftstoffproduktion ist mit einer größeren Menge von Kuppelprodukten zu rechnen, die als potenzieller landwirtschaftlicher Dünger in Frage kommen. Die Steigerung der Kuppelproduktmengen führt zum Rückgang der Bezugspreise dieses organischen Düngers für die Landwirte und trägt somit anteilig zur Optimierung der Kostenstruktur bei.

Aufgrund der außerordentlich stabilen wirtschaftlichen und politischen Verhältnisse in Deutschland sowie der EU, besteht ein hohes Maß an Versorgungssicherheit der benötigten Rohstoffe zur Biokraftstoffproduktion. Dies wiederum sichert nachhaltig die wirtschaftliche Stabilität, da zumindest für einen Teil der Energierohstoffe keine Abhängigkeit von einigen, wenigen Ländern besteht, wie es jetzt bei den fossilen Treibstoffen der Fall ist. Die sichere Versorgung mit Treibstoffen ist für eine mobile Dienstleistungsgesellschaft essentiell und birgt neben der besseren Planbarkeit von ökonomischen Prozessen (z. B. Mengenkalkulationen) v. a. Kostenvorteile im internationalen Wettbewerb.

Ein weiterer Vorteil aus der Nutzung von Biokraftstoffen ergibt sich aus der Reduzierung von Überschüssen, wie sie in den letzten Jahrzehnten kontinuierlich angefallen sind. Daraus abgeleitet sind hohe finanzielle Aufwendungen durch Interventionen seitens des Staates bzw. der EU nun nicht mehr, oder in wesentlich geringerem Umfang, nötig. Die auf diese Weise eingesparten sog. Marktordnungskosten können z. B. für gezielte Forschungs- und Entwicklungsprojekte zur Optimierung der Nutzung von Biokraftstoffen bzw. Bioenergie verwendet werden.

Zudem ergäben sich größere Verhandlungsspielräume Deutschlands

bzw. der EU bei Debatten im Rahmen der Welthandelsorganisation (WTO), weil diese Akteure weniger hochsubventionierte Agrargüter auf den Weltmarkt brächten und dafür an anderer Stelle Entgegenkommen verlangen könnten.

Durch das restriktive Auftreten von Agrarhandelsmächten wie z. B. der EU, hätten die sog. Entwicklungsländer auf den Weltagrarmärkten eine wesentlich bessere Chance

---

[69] Statistisches Jahrbuch 2006, S. 337 f..
[70] Vgl. Niedersächsische Landwirtschaft in Zahlen 2007, S. 4.

ihre Güter anzubieten. Die Zurücknahme der Industrieländer würde eine Möglichkeit für eine nachhaltige Entwicklung solcher Länder bedeuten, deren Produkte nicht mehr mit hochsubventionierten Agrargütern aus den Industrieländern konkurrieren müssten

Der Anbau von Energiepflanzen in Niedersachsen erfordert aufgrund der geringen Transportwürdigkeit vieler Rohstoffe, die zu Biokraftstoffen verarbeitet werden, eine Verarbeitung innerhalb der Anbauregion. Neben der Absicherung und Stärkung der Einkommenssituation im landwirtschaftlichen Bereich sind Investitionen in z. B. Konversionsanlagen, Infrastruktur, Transportwesen etc. notwendig, die einen positiven Beschäftigungseffekt nach sich ziehen. Damit erhöhen sich auch vor- und nachgelagerten Bereichen der Erzeugung und Verarbeitung die Wertschöpfung und die Einkommen. Es kommt somit auch zur Stärkung der regionalen Wirtschaftsstruktur im ländlichen Raum.

Durch den geringen, knapp 6%igen, Anteil der Biokraftstoffe am Gesamtkraftstoffverbrauch (s. Abb. 8), die Endlichkeit fossiler Ressourcen sowie die stetig hohe Nachfrage nach Kraftstoffen verdeutlicht sich in gleichem Maße die Notwendigkeit zur Förderung von Forschung und Entwicklung im Bereich biogener Treibstoffe, um diese junge Produktpallette am Markt zu etablieren. Investitionen, v. a. in Form von Personal, stärkt daher nicht zuletzt auch Deutschland als Forschungs- und Innovationsstandort und sichert bzw. schafft hochqualifizierte Arbeitsplätze.

7   Risiken biogener Treibstoffe

Trotz der vielen positiven Aspekte biogener Treibstoffe, bleibt der Blick auf diesen vielversprechenden Bereich nicht ungetrübt. Es bilden sich in vielen Bereichen unterschwellig aber dennoch ernsthafte Probleme heraus, die den Erfolg biogener Treibstoffe bremsen könnten.

7.1 Ökologische Risiken

Der Anbau von Energiepflanzen verändert zunehmend das Landschaftsbild. Die Ausrichtung auf den Anbau der ertragreichsten Pflanzen kann zu einer Einschränkung der biologischen Vielfalt führen. Die daraus abgeleiteten Folgen z. B. für den Wasserhaushalt, das Bodenleben, die Anfälligkeit für Krankheiten der Pflanzen usw. sind noch weitgehend unbekannt.

Durch die vermutlich steigenden Einkommen aus dem Energiepflanzenanbau besteht auch eine latente Gefahr der Missachtung von Fruchtfolgeregelungen. Verschärft wird dieser Aspekt noch durch die zu erwartende und notwendige Intensivierung beim Anbau der Pflanzen, um die Erträge weiter zu steigern bzw. die Erstellungskosten sinken zu lassen.

Die positive CO_2-Bilanz der Biokraftstoffe sollte zudem nicht darüber hinwegtäuschen, dass mit einem Anteil von weniger als 6% am Kraftstoffverbrauch das absolute Einsparpotenzial bei diesem Treibhausgas sehr begrenzt ist. Eine Steigerung der Energieeffizienz oder eine Senkung des Durchschnittsverbrauchs durch die Fahrzeughersteller scheint hier geeigneter zu sein, um z. B. die klimapolitischen Ziele zu erreichen und einen sparsameren Umgang mit fossilen Energierohstoffen zu gewähren.

Wie bereits die Diskussionen hinsichtlich der Reaktivierung der Stilllegungsflächen zeigt, besteht auch eine Gefahr der Reduzierung von z. B. Naturschutzflächen. Auf diesen Flächen könnte sich so keine Artdiversität mehr erhalten, die einen Ausgleich zu den befürchteten Monokulturflächen in ihrem Umfeld darstellt.

Aufgrund der bereits jetzt spürbaren Verknappung von Rohstoffen zur Biokraftstoffproduktion in Deutschland wird zunehmend Palm- oder Sojaöl importiert (s. 8 Exkurs). Der hohe logistische Aufwand trägt zusätzlich zur Emission von CO_2 bei und konterkariert den Gedanken des umweltschonenden Treibstoffs. Zusätzlich stellt sich die Frage unter welchen Umwelt-und Arbeitssicherheitsstandards die Rohstoffe dort hergestellt werden. Auch entsteht durch den zunehmenden Import eine Konkurrenz gegenüber heimischen Energierohstoffen, die gerade im Begriff sind, sich in ihrer Bedeutung hinsichtlich der Flächenzuwächse und Einkommenssituation der Landwirte zu etablieren. Die angestrebte energiepolitische Autonomie von Energielieferländern droht an dieser Stelle zudem in eine neuerliche Abhängigkeit gegenüber ausländischen Exporteuren zu münden.

7.2 Ökonomische Risiken

Durch die bislang geringe Effizienz und Wirtschaftlichkeit von Biokraftstoffen sah sich der Staat in die Pflicht genommen, diesen Wirtschaftszweig auf verschiedenen Wegen zu fördern. Es besteht hierbei jedoch die Gefahr, dass durch diese Marktregulierungen ein neues Abhängigkeitsverhältnis durch ein zusätzliches Subventionssystem geschaffen wird, dass Rohstofferzeuger, Verarbeitungsbetriebe und letztlich auch die Verbraucher einschränkt.

Das größte Problem stellt allerdings die Unvereinbarkeit von Agrar- und Wettbewerbspolitik dar. Durch den Anbau und Verkauf von Energiepflanzen sollte sich nach Auffassung der Politik die Beschäftigungs- und Einkommenssituation der Landwirte verbessern. Die in diesem Zusammenhang steigenden Rohstoffpreise für die Agrargüter stellen allerdings die internationale Wettbewerbsfähigkeit in Frage. Durch den abnehmenden Außenschutz in Form von Zöllen auf Importöle im Zuge der WTO-Verhandlungen wird sich der Kostendruck beim Rohstoffanbau und der Biokraftstoffherstellung in Deutschland erheblich erhöhen.

Daraus abgeleitet ergibt sich insbesondere für die Landwirtschaft ein weiteres Problem. Sind die in Deutschland angebauten Rohstoffe, die 50 bis 80% der Produktionskosten verursachen, im internationalen Wettbewerb zu teuer, werden vermehrt Rohstoffimporte bei der Herstellung von Biokraftstoffen zum Einsatz kommen und die Nachfrage nach heimischen Feldfrüchten abnehmen. Der entstandene Angebotsüberhang würde zwangsläufig zu einem Rückgang der Erzeugerpreise führen. Da ein Rückgang der landwirtschaftlichen Einkommen seitens der Politik nicht beabsichtigt ist, käme es hier zu Forderungen nach einer zusätzlichen Intervention des Staates.

Es würde also nicht nur ein sinkendes Einkommen der Landwirte erzielt, sondern auch im Zuge der Interventionen Steuergelder zur Absicherung von Landwirtsexistenzen aufgewendet werden müssen.

Der Staat hat in Folge von Ernteüberschüssen und zur Existenzabsicherung der landwirtschaftlichen Betriebe stets die überschüssigen Mengen z. B. am Getreidemarkt aufgekauft. Diese Interventionspolitik auf den Agrarmärkten hält bis heute an und soll die Abnahmepreise künstliche hoch halten. Nun tritt neben den Abnehmern von Nahrungs- und Futtermitteln auch noch die Bioenergie-bzw. Biotreibstoffbrache auf, die zusätzliche Mengen nachfragt und so abermals zu einem Anstieg der Preise beiträgt. Diese aktuelle Entwicklung bleibt nicht ohne Auswirkungen auf die Lebensmittelpreise. Eine Teuerung betrifft v. a. Menschen mit geringem Einkommen und kann zu einer Gefährdung des sozialen Friedens ins Deutschland führen, wenn sich der Staat mit seiner marktstörenden Interventionspolitik nicht zurückzieht.

Der Anstieg des Rohölpreises begünstigt zwar den Einsatz biogener Treibstoffe, kann aber auch eine einseitige Ausrichtung der landwirtschaftlichen Betriebe auf den Anbau von Energiepflanzen führen. Dies hat, wie die jüngste Entwicklung zeigt, einen Anstieg der Nahrungsmittelpreise zur Folge, was viele Teile der Bevölkerung, insbesondere dem mit geringerem Einkommen, mit großer Sorge und Angst erfüllt hat. Die zunehmende Konkurrenz zwischen Nahrungs- bzw. Futtermittelverwendung von Feldfrüchten und der Kraftstoffproduktion wirkt sich auch zukünftig in steigenden Preisen aus. Diese Entwicklung birgt jedoch auch eine gesellschaftliche Spannung, da sich die verfügbaren Einkommen der Bevölkerung verringern und negative Auswirkungen auf die gesamte Konjunktur nicht ausgeschlossen werden können.

Die jüngste Steuererhöhung für Biokraftstoffe verringert den Kostenunterschied zu fossilen Treibstoffen und damit den Wettbewerbsvorteil, den diese innovativen Produkte benötigen, um sich am Markt nachhaltig etablieren zu können. Die Motivation der Verbraucher, sich ein Kraftfahrzeug mit entsprechender Verbrennungstechnik zu kaufen wird sinken, weil sich die Amortisationszeit erheblich verlängern wird. Dementsprechend wird die Nachfrage nach Biotreibstoffen nicht mehr in dem Maße ansteigen. Davon wären dann v. a. auch die Betreiber der Biokraftstoffraffinerien betroffen, die ihre Investitionsentscheidung auf der Basis geringerer Steuersätze getroffen hatten und nun ebenfalls um die betriebliche Existenz besorgt sein könnten
(s. 8 Exkurs).

In der Kalkulation findet der Absatz der bei der Biokraftstoffkonversion anfallenden Kuppelprodukte eine immer größere Bedeutung. Sie stellen eine wichtige, zusätzliche Einnahme für die Betreiber dar. Mit steigenden Mengen ist aber von sinkenden Preisen auszugehen. Daher gefährden steigende Ausbringungsmengen der Produktionsstätten deren Wettbewerbsfähigkeit.

7.3 Sonstige Risiken

Durch die Verwendung von Getreide, Mais und Hackfrüchten für die Produktion zu Biokraftstoffen werden die potenziellen Erntemengen für die Nahrungs- und Futtermittelbereitstellung verringert. Neben der Frage der Verteilung der Rohstoffe für diese Zwecke muss sich unsere Gesellschaft auch die Frage stellen, inwiefern wir unter ethischen und moralischen Aspekten eine Verwendung von ursprünglich zur Ernährung vorgesehen Erzeugnissen als Energieträger verantworten können. Denn es darf hier nicht ausgeblendet bleiben, dass ein nicht unbeträchtlicher Anteil der Weltbevölkerung täglich Hunger leidet. Z. Z. darf zwar nur solches Getreide zu Biokraftstoffen verarbeitet werden, das nicht für die Lebensmittelherstellung geeignet ist. Es bleibt aber offen, ob diese Bestimmung nicht aufgeweicht werden würde, wenn der Bedarf nach Energie im Allgemeinen und Kraftstoff im Besonderen auf dem momentan hohen Niveau bleibt.

Ein weiteres Risiko bei der Ausrichtung auf Biokraftstoffe wird in zunehmendem Maße von den Veränderungen unseres Klimas ausgehen. Es ist bereits jetzt absehbar, dass sich durch längere Trockenphasen und andauernde Niederschlagsperioden die Erntemengen weltweit verringern. Der Wettbewerb um die Ernten zwischen Nahrungs- bzw. Futtermittelnachfrage und der Produktion von Biokraftstoffen wird sich dadurch noch weiter verschärfen und Preissteigerungen zur Folge haben.

8 Exkurs: Bio-Ölwerk Magdeburg GmbH

Das Bio-Ölwerk Magdeburg, dessen Anteilseigner u. a. der Landhandel Geb. Weiterer aus Algermissen ist, hat im Jahr 2003 seinen Betrieb mit anfänglich 50.000 t Biodiesel (Rapsmethylester =RME) aufgenommen. Nach Auskunft von Konrad Weiterer wurde damals bereits 50% des benötigten Rohstoffs aus Rapssaat der Umgebung verwendet und 50% aus Pflanzenölzukäufen. Bei einer weiteren Kapazitätserweiterung auf 80.000 t RME im Jahre 2005 konnte die benötigte Rapsmenge noch verdoppelt werden. Nach der dritten Vergrößerung der Produktionsmenge im Jahre 2007 um mehr als das Doppelte des bisherigen, wurden die zusätzlich benötigten 200.000 t dann nur noch aus Palm- und Sojaölen sichergestellt. Somit verlassen heute rund 280.000 t RME p. a. das Werk.

Für eine rapsbasierte Biodieselproduktion sprach aus der Sicht des Betreibers v. a. das Bestehen der gesetzlichen Zulassungen für Raps als Treibstoffgrundlage, der hohe technische Entwicklungsstand und die Garantiezusagen der Automobilehersteller hinsichtlich der Verträglichkeit von Rapsöl und Motoren.

Für den Standort Magdeburg sprachen nach Aussage Weiteres v. a. die hohen regionalen Überschusskapazitäten der Region und der gleichzeitige Mangel an industriellen Weiterverarbeitungsmöglichkeiten. An dieser Produktionsstätte könnten nun die

Rapsernten der umliegenden ca. 40.000 ha aus Niedersachsen, Sachsen, Sachsen-Anhalt, Thüringen und Brandenburg verarbeitet werden.

Zudem wurde die Motivation, das Werk in den neuen Bundesländern zu errichten, durch einen 40%igen staatlichen Finanzierungszuschuss (1/3 durch das Land Sachsen; 2/3 durch die EU) erhöht. Weiterhin führte Weiterer aus, dass bei einer Bindung an den Standort, dem Erhalt der Arbeitsplätze und entsprechenden Eigeninvestitionen des Betreibers die Zuschüsse nicht zurückbezahlt werden müssten.

Allerdings wird von Seiten des Betreibers den politisch Verantwortlichen auch Negatives bescheinigt. So führe z. B. die geplante Steuererhöhung auf Beimischungen von Biodiesel zu fossilem Treibstoff zur Aufhebung der Preisdifferenz zwischen den beiden Treibstoffarten, was einen erheblichen Wettbewerbsnachteil für die biogenen Treibstoffe mit sich brächte. Außergewöhnlich betroffen wäre in einem solchen Fall der sog. „B-100 Markt" (Treibstoff zu 100% aus Bioöl), weil dieser den verschwindenden Preisunterschied zu fossilen Treibstoffen in besonderer Weise widerspiegeln würde. Diesem Marktsegment drohe von der Nachfrageseite der Zusammenbruch, so Weiterer weiter. Der sog. „B-5" und „B-10" Markt
(5% bzw. 10% Bioölbeimischung zu fossilem Treibstoff) würde durch den Beimischungszwang nicht in gleichem Maße in Mitleidenschaft gezogen. Den von Weiterer geschätzten 6 Mio. t. Produktionskapazität biogener Treibstoffe in Deutschland stünden dann allerdings nur 1,5 Mio. t. staatlich garantierten Absatzes durch den Beimischungszwang gegenüber. Für ihn und die gesamte Branche stellt die vorgezogene Besteuerung von Biodiesel ab 2008 nicht nur ein existenzielles Problem dar, sondern verdeutlicht die Kurzlebig- und Nutzlosigkeit politischer Aussagen. Besonders stellt Weiterer an dieser Stelle heraus, dass zwar von allen Seiten der Politik die sog. „Energiewende" propagiert und den Marktteilnehmer ‚gut zugeredet' werde. Allerdings seien mit der Unzuverlässigkeit der Politiker bereits mittelfristige Kalkulationen nahezu unmöglich und stellten eine Bedrohung für die Existenz der Bioölwerke dar.

Der aktuelle Nutzungskonflikt um Feldfrüchte zwischen Nahrungs- bzw. Futtermitteleinsatz und Energierohstoff kommt für Weiterer nicht überraschend. Allerdings ist auch er über den rasanten Preisanstieg bei fast allen Ackerfrüchten erstaunt. Lebten die Land- und Getreidehändler seit den 70er Jahren mit Überschüssen und stabilen, niedrigen Preisen, stiegen diese bei fast allen Getreidearten seit der flächenhaften Förderung der Bioenergieherstellung, insbesondere innerhalb des letzten Jahres, um nahezu 100% an. Zu dieser neuen Konkurrenz um die Ernten seien dann innerhalb der letzten Jahre auch noch globale Missernten gekommen, die eine zusätzliche Verknappung der Erntemengen sowie eine Erhöhung der Preise bewirkt hätten.

Aufgrund der stark steigenden Preise der Rohstoffe sei es für das Bioölwerk in Magdeburg unmöglich, Lieferverträge von mehr als 2 Jahren abzuschließen. Eine langfristige Vorratshaltung zur Sicherstellung der Produktion sei aus wirtschaftlichen und logistischen Gründen ebenfalls nicht realisierbar. Stattdessen bliebe nur ein Vergleich der entstehenden Kosten bei Nichtnutzung von Produktionskapazitäten (sog. Leerkosten) und den höheren Beschaffungskosten.

Sowohl für die Versorgung der Bevölkerung mit Nahrungsmitteln, als auch für die Energieherstellung plädiert er für die auch innerhalb der EU-Kommission angedachte Reduzierung der Stilllegungsflächen. Auf diese Weise kämen größere Rohstoffmengen auf den Markt, die dann zu einem günstigeren Preis erstanden werden könnten. Aus diesem Grund hält er daher auch den Import von Pflanzenölen für nicht geboten.

Um den für den Verbraucher maßgeblichen Preisunterschied zwischen fossilen und biogenen Treibstoffen deutlich zu machen, plädiert Weiterer für die Überprüfung des bisherigen Subventionssystems und der Einführung eines variablen Steuersatzes auf Biotreibstoffe. So könne die Wettbewerbsfähigkeit von Biokraftstoffen und die Mineralölsteuereinnahmen des Staates steigen und gleichzeitig der Verbrauch an fossilen Treibstoffen sukzessive sinken.

Für Weiterer bleiben Produktion von und Handel mit Biokraftstoffen kein auf die Nationalstaaten isoliertes Phänomen. So plädiert er im Rahmen eines europaweiten Handels für eine bessere Steuerung der Produktion von Biokraftstoffen. Es müsste verhindert werden, dass in diesem z. Z. noch prosperierenden Bereich Überkapazitäten entstünden, die dann aufgrund der hohen Leerkosten zu einer Kostensteigerung für die Kraftstoffe führen könnten. Stattdessen sollten die benötigten Rohstoffe und Fertigerzeugnisse über weitere Strecken innerhalb der EU transportiert werden, anstatt viele, möglicherweise unwirtschaftliche, Produktionsstätten über den Kontinent verteilt zu unterhalten. Europaweit würde Weiterer auch die Besteuerungs- und Beimischungsätze einheitlich geregelt sehen, da v. a. sie einen Wettbewerb der Marktteilnehmer sicherstellen.

Allerdings ergäben sich global noch viel stärkere Wettbewerbsverzerrungen. So dränge beispielsweise hochsubventionierter US-Biosprit auf den europäischen Markt und stellt v. a. im „B 5"- Markt eine bedeutende Konkurrenz dar. Auch seien die Anbau- und Produktionsbedingungen hinsichtlich Umwelt- und Sozialstandards. z. B. in Brasilien nicht vergleichbar mit denen innerhalb der EU bzw. Deutschlands und stellten einen eindeutigen Kostenvorteil für die Südamerikaner auf dem globalen Biokraftstoffmarkt dar, der in den anstehenden WTO- Verhandlungen auf die Agenda gehöre.

9 Fazit

Als Rohstoffe für die Produktion von Biotreibstoffen kommen prinzipiell alle Feldfrüchte in Frage; aufgrund ihrer hohen Flächenproduktivität aber v. a. Zuckerrübe, Weizen, Roggen und Raps. Die beiden erstgenannten werden allerdings im zunehmenden Wettbewerb mit der Verwendung für Nahrungs- und Futtermittelherstellung eine tragende Rolle spielen. Für die Verwendung der Getreiderohstoffe zur Bioethanolherstellung ist v. a. die Höhe des Stärkegehaltes und der Ertrag/ha maßgeblich für die spätere Ausbeute. Eine besondere Rolle spielen jedoch Getreidearten bzw. -sorten, die über eine hohe autoamylolytische Aktivität verfügen und so den Einsatz von Fremdenzymen zur Aufspaltung der Stärke überflüssig machen und dementsprechend zur Kostenreduzierung beitragen.

Der Beitrag der Niedersächsischen Landwirtschaft zur Rohstoffbereitstellung für die Bioethanol- und Biodieselproduktion muss differenziert betrachtet werden. Da kaum nennenswerte Zuwächse an Ackerland zu erwarten sind, konzentriert sich das Nutzungspotenzial auf den Anbau von Energiepflanzen auf Stillegungsflächen. Während die fruchtbaren Böden, wegen des höheren DB, dem Nahrungsmittelanbau vorbehalten bleiben werden, bleiben somit für Bestellung v. a. die weniger fruchtbaren Böden. Auch wenn die Erträge/ha mit den fruchtbaren Böden nicht mithalten können, so ergibt sich aus der absoluten Flächengröße von knapp 1,4 Mio. ha(s. Abb. 1) der mageren Böden dennoch ein beträchtliches Potenzial, um hier nachhaltig Energiepflanzen für die Biokraftstoffproduktion anzubauen.

Natürlich sind auch die Landwirte Niedersachsens von einer Flächenkonkurrenz zwischen Energie- und Nahrungsmittelpflanzen nicht verschont und werden versuchen den größtmöglichen Ertrag auf ihren Äckern zu erreichen. Um dies zu realisieren könnten mögliche erhöhte Stickstoffgaben negative Folgen für die Umwelt, hinsichtlich einer möglichen Auswaschung in das Grundwasser, haben, auch wenn sich dadurch die im internationalen Vergleich hohen Erstellungskosten relativieren ließen.

Einen nach wie vor großen Nachteil stellen die hohen Rohstoffkosten für Biokraftstoffe dar. Sie machen eine Steuersubventionierung nötig und drängen die Hersteller zum Import billiger Rohstoffe. Ob diese allerdings unter den gleichen Umweltauflagen produziert werden, soll an dieser Stelle nicht bewertet werden.

Für den Durchbruch der Biokraftstoffe bleibt allerdings der Ölpreis das entscheidende Kriterium. Je höher er steigt, desto schneller wird der Kraftstoff von den Feldern wettbewerbsfähig. Da in der Literatur verschiedene Preisobergrenzen angeführt werden und die endgültige Marktetablierung von vielen weiteren Faktoren, wie z. B. der Steuerlast, der Umsetzung politischer Absichtserklärungen, dem Image und der Verfügbarkeit der Biokraftstoffe abhängig ist, wäre es unrealistisch hier eine belastbare Preisspanne anzuführen.

Generell ist festzustellen, dass die Verwendung von Biokraftstoffen eine CO_2-neutrale Alternative zu fossilen Treibstoffen darstellt. Zudem kann durch den diversifizierten Energiepflanzenanbau die Artenvielfalt der Tier- und Pflanzenwelt positiv unterstützt werden.

Aber auch im wirtschaftlichen Bereich hat der Biokraftstoffsektor Vorteile zu bieten. Der Anbau von Energiepflanzen stellt ein zusätzliches Standbein der Ertragsgenerierung dar und verbessert die Einkommenssituation und die betriebswirtschaftliche Absicherung der Landwirte. Außerdem können Landwirte die bei steigender Biokraftstoffproduktion immer günstiger zu beziehenden Kuppelprodukte ihren Feldern als wertvollen Dünger zuführen.

Das wohl wichtigste Argument für den Ausbau dieser Branche ist die für zumindest einen Teil des benötigten Treibstoffs geltende Versorgungssicherheit und -unabhänigikeit gegenüber den klassischen Ölförderländern.

Auch könnte der Staat nun, durch die Absorption von Ernteüberschüssen durch die Biokraftstoffbranche, seine preisstabilisierende bzw.-erhöhende Interventionspolitik am Agrarmarkt zurückfahren. Gleichzeitig böten sich dadurch auch für die sog. Entwicklungsländer vermehrt Chancen auf dem Weltmarkt.

Insbesondere das Land Niedersachsen würde dank seiner guten agrarischen Infrastruktur auch zum Produktionsstandort für Biokraftstoffe werden und somit einen größeren Teil der Wertschöpfung in den Regionen behalten.

Neben weitgehenden Monokulturen durch einen expansiven Energiepflanzenanbau, die unsere Kulturlandschaft überlagern könnten, sind beispielsweise Auswirkungen auf den Wasserhaushalt des Bodens noch weitgehend ungeklärt.

Fällt der noch vorhandene Außenschutz für Agrarprodukte, wird die Situation für die Landwirte und Biokraftstoffproduzenten bedrohlich, weil ihr Kostenniveau weit über dem Weltmarkt liegt und günstigere Importe ihre Wettbewerbsfähigkeit bedrohen. Neue Subventionssysteme mit neuen Abhängigkeiten könnten eine Auswirkung sein, die die gesamte Gesellschaft betrifft. Offen bleibt zudem, wie die politischen Akteure steigende landwirtschaftliche Einkommen, die zusätzlich die Produktionskosten von Biotreibstoffen erhöhen, realisieren wollen und gleichzeitig die internationale Konkurrenzfähigkeit der heimischen Produkte sicherstellen wollen, wenn der Außenschutz nicht mehr gegeben ist.

Auch irritiert die Divergenz zwischen Aussagen von Politikern und deren späteren Umsetzung die Wirtschaft, da diese oft kurzlebig und nicht zuverlässig sind. Das wird am Sachverhalt der Besteuerung besonders deutlich und zeigt, auf welche Widrigkeiten sich die Wirtschaft einzustellen hat.

Außerdem sollten sich politische Akteure mit oft überheblichen und utopischen Annahmen zurückhalten. Eine Überforderung der Landwirtschaft und die Schaffung falscher Planungsgrundlagen sollten nicht das Resultat der Aufbruchsstimmung im Agrarbereich sein.

Es bleibt zudem abzuwarten, welche Einflüsse mit welchen Kräften noch auf diesen Markt wirken werden. Fest steht allerdings, dass Biokraftstoffe einen Beitrag zur Entlastung fossiler Quellen und der CO_2-Emission leisten können und stellen einen verlässlichen Teil im Energiemix der Zukunft dar, an dem auch die niedersächsische Landwirtschaft partizipieren wird.

10 Literaturverzeichnis

Datenreport (2006) 2006.-Bonn.

LESER, H. (2001): Wörterbuch Allgemeine Geographie (12. Aufl.).-München.

HENKE J./KLEPPER, G. (2006): Biokraftstoffe: Königsweg für Klimaschutz, profitable Landwirtschaft und sichere Energieversorgung? Aus: Kieler Diskussionsbeiträge des Instituts für Weltwirtschaft.-Kiel.

KLEEMANN M./MELIß M. (1988): Regenerative Energiequellen.- Heidelberg Niedersächsisches Ministerium für den ländlichen Raum, Ernährung, Landwirtschaft und Verbraucherschutz (2007): Die niedersächsische Landwirtschaft in Zahlen.- Hannover.

Niedersächsisches Ministerium für den ländlichen Raum, Ernährung, Landwirtschaft und Verbraucherschutz (2007): Niedersächsische Landwirtschaft in Zahlen 2007.- Hannover.

SCHÄFER, V.(1995): Effekte von Aufwuchsbedingungen von Anbauverfahren auf die Eignung von Korngut verschiedener Getreidebestände für die Bioethanolproduktion.- Hohenheim.

SCHRIPFF, E. (2004): Biomasse – massenhaft verfügbar?.- Saarbrücken. unter: http://bv-pflanzenoele.de/pdf/biomasse.pdf vom 25.07.2007

SEEDORF, H.-H./MEYER, H.-H. (1992): Landeskunde Niedersachsen (Bd. 1: Historische Grundlage und naturräumliche Ausstattung).-Neumünster.

Internetquellen:

http://www.bio-kraftstoffe.info/cms35/Biokraftstoffe.817.0.html vom 29.08.2007

http://www.bio-kraftstoffe.info/cms35/Bioethanol.837.0.html vom 05.09.2007

http://www.bio-kraftstoffe.info/cms35/Biodiesel.831.0.html vom 05.09.2007

http://www.lwk-niedersachsen.de/index.cfm/portal/betriebumwelt/nav/91/article/8596.html vom 28.08.2007.

http://www.fnr-server.de/ftp/pdf/literatur/pdf_183biokraftstoff_2006.pdf vom 23.07.2007

http://cdl.niedersachsen.de/blob/images/C36666146_L20.pdf vom 23.08.2007

http://www.mwv.de/cms/upload/pdf/jahresberichte/JB.pdf vom 05.09.2007

http://cdl.niedersachsen.de/blob/images/C40042178_L20.pdf vom 22.08.2007

http://www.nls.niedersachsen.de/Tabellen/Landwirtschaft/nutzungen/anbau.htm vom 23.08.2007

http://www.nls.niedersachsen.de/Tabellen/Landwirtschaft/bee_text/texte/k2_f.htm vom 23.07.2007

http://www.nls.niedersachsen.de/Tabellen/Landwirtschaft/bee_text/texte/er_f.htm vom 23.07.2007

http://www.nls.niedersachsen.de/Tabellen/Landwirtschaft/bee_text/texte/bo_f.htm vom 23.07.2007.

http://www.nls.niedersachsen.de/Tabellen/Landwirtschaft/bee_text/e_stat.htm vom 30.08.2007

http://www.destatis.de/jetspeed/portal/cms/Sites/destatis/Internet/DE/Content/Publika
tio-
nen/Querschnittsveroeffentlichungen/StatistischesJahrbuch/Downloads/LandForstwir
tschaft,property=file.pdf vom 09.08.2007.

http://www.lab-biokraftstoffe.de/formelsammlung.html

http://www.lab-biokraftstoffe.de/Herstellung.html vom 23.07.2007.

http://www.nls.niedersachsen.de/Tabellen/Landwirtschaft/Anbauflaechen07.html vom
21.08.2007

http://www.ufop.de/biodiesel_tankstellen.php#download2 vom 05.09.2007

Tageszeitungen:

Hildesheimer Allgemeine Zeitung vom 11.08.2007: „Trotz Biogas-Boom: Börde bleibt
Weizen-Land, S. 18

Mündliche Auskünfte von Herrn Konrad Weiterer, Geschäftsführer der Landhandel
Weiterer GmhH, 31191 Algermissen, Speicherstraße3